4-1　Cr-04菌株

26菌株

4-5　L-856菌株

4-7　Cr-02菌株

4-6　Cr-62菌株

1

5.露地排筒栽培长菇状况

6.作者考察高棚架层集约化立体培育花菇

7.反季节埋筒覆土培
育夏菇（林佩英供）

8.河南省泌阳小棚大袋培育花菇

10.沈阳开放式陆地栽培香菇（田敬华供）

9.作者在黑龙江省大庆
观察生料栽培香菇

11.北方日光温室培育花菇

12.东北林地间种
香菇（王润蛟供）

13.玉米地套种香菇（高伟华供）

14.室内"井"字形叠袋养菌

15.野外双棚叠袋养菌

16.北方林地接种覆盖草帘养菌

3

17.千米海拔湖北省
房县凹陷式菇棚

18.反季节栽培
树荫间菇棚

19.福建省古田遮
阳网小棚群外观

20.遮阳棚内部结构

21.简易草棚外观

4

22.荫棚畦床排筒现场

23.菌筒不同排式长菇状况
（李学义、陈孝彪供）

**24.菇芝交叉栽培
灵芝生长现场**

25.菇稻轮作
（吴学谦供）

**26.菇荪交叉栽培
竹荪生长现场**

27-1 原料装袋

27-2 捆扎袋头

27-3 料袋上灶

27-4 罩膜灭菌

27-5 打接种穴

27-6 穴口贴封

28.菇木切碎机

29."太空包"拌料输送冲压装袋生产线（蔡津生、卢国宝供）

31.JZ12-111　菌袋全自动接种机

30.多套筒装袋机

7

32.卧式高压杀菌锅

33.CLSG 高压灭菌蒸汽炉

专利号: 002554690

35.PWF3 型菇棚增温加湿机

34.晨雾离心式增湿喷雾器

8

36-1　FB液体菌种培养机

36-2　CQR液体菌种培养器
（刘永昶供）

36-3　回旋圆盘摇瓶机

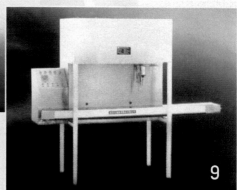

36-4　液体菌种自动接种机

9

37-1　颗粒成型

37-2　接种菌袋

37-3　长菇状况

10

38.SHG电脑控制燃油烘干机

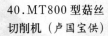

39.香菇产品分级筛选机（蔡津生供）

40.MT800型菇丝切削机（卢国宝供）

41.DZ800/2S真空包装机

42-1 集中

42-2 晾晒排湿

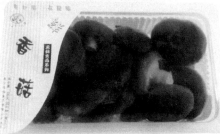

42-3 鲜菇小包装

42-4 脱水烘干

42-5 干菇小包装

12

香菇速生高产栽培新技术

（第二次修订版）

丁湖广　丁荣辉　编著

金盾出版社

内 容 提 要

本书由福建省食用菌学会副秘书长丁湖广高级农艺师等编著。这次修订内容改动较多，仅保留了第二版的香菇速生高产栽培新技术部分，增加了全国近年来香菇速生高产的新技术、新经验，包括香菇安全优质生产的要求和栽培技术，反季节夏产出口菇、周年制四季产菇、香菇生料栽培技术，花菇优质高效多样式栽培；介绍了高产优质菌种制作工艺，新兴液体菌种和胶囊型菌种工厂化生产技术，无公害香菇病虫害防治及产品加工和标准。内容新颖，技术先进，可操作性强。适合广大菇农和香菇制种与栽培专业技术人员以及农业院校相关专业师生阅读参考。

图书在版编目(CIP)数据

香菇速生高产栽培新技术/丁湖广，丁荣辉编著.—第二次修订版.—北京：金盾出版社，2005.9
ISBN 978-7-5082-3675-9

Ⅰ.香… Ⅱ.①丁…②丁… Ⅲ.香菇-蔬菜园艺
Ⅳ.S646.1

中国版本图书馆 CIP 数据核字(2005)第 067988 号

金盾出版社出版、总发行

北京太平路 5 号(地铁万寿路站往南)
邮政编码：100036 电话：68214039 83219215
传真：68276683 网址：www.jdcbs.cn
彩色印刷：北京百花彩印有限公司
黑白印刷：北京金盾印刷厂
装订：永胜装订厂
各地新华书店经销
开本：787×1092 1/32 印张：9 彩页：12 字数：190 千字
2009 年 4 月第 2 次修订版第 16 次印刷
印数：458001—468000 册 定价：13.00 元

第二次修订版前言

《香菇速生高产栽培新技术》自出版以来，已第二次修订并印刷 11 次，发行达 41.8 万册，其"星火"燃遍大江南北，并传到国外。马来西亚《今日农业》和日本《特产情报》以及韩国《食用菌月刊》等刊物都摘登了书中部分技术资料。本书是一部深受读者欢迎的香菇生产实用工具书。

随着我国香菇产业实施"南菇北移"战略和加入 WTO 之后香菇贸易进入全球化的新形势下，我国香菇生产区域由南向北延伸，不断扩大，形成了产业化、专业化、标准化生产的新格局。香菇产量逐年上升，2004 年全国香菇产量达到 8 万吨（干品），占亚洲香菇总产量的 78%，居世界首位。产品质量不断优化，并沿着无公害、绿色、有机食品生产方向发展。香菇产品出口远销东南亚、欧美 40 多个国家和地区，据中国海关统计，2004 年我国出口鲜香菇 3.22 万吨，干香菇 2.47 万吨，创汇 2.13 亿美元。

近 5 年来香菇生产技术也在不断突破，广大科技工作者合力攻关香菇安全优质高效栽培新技术，创立了许多新技术、新方法，尤其是在花菇生产技术上，出现了高架层集约化栽培和北方日光温室立体栽培，以及大袋小棚等多样式栽培，获得增值 1～3 倍的经济效益。为了摆脱栽菇受市场供求弹性的约束，各主产区因地制宜采取了反季节栽培，"逆向入市"，特别是北方各地发挥地理气候优势，研究成功周年制四季产菇技术，以及香菇生料栽培技术，香菇与多种作物组合栽培等，为香菇生产找到了新的增长点。这些新技术的应用，完善了我国香菇产业的规范化、标准化生产体系,使产业实现优化组合,产品质量全面上升,经济效益显著提高。

作者从事香菇生产研究和科学技术普及工作40余载,近年来又先后深入20多个省、市菇区近百个菇场考察与实践。同时参照福荣华集团总裁丁荣辉先生,多年来在国内各地区建立香菇生产出口基地,先后在欧美和东南亚30多个国家开展香菇贸易活动过程中所取得的丰富经验。根据新形势要求,认真总结了南北各地香菇生产新技术,运用现代观点和理论,科学系统地加以梳理,融汇新技术,增加新内容,反复推敲编成此书,奉献给广大读者。希望能在香菇生产由数量型向质量型转变,向无公害、绿色和有机食品方向发展中,掌握新技术,推进香菇产业更上一层楼;同时衷心祝愿广大农友通过种菇获得理想的经济效益,早日实现小康社会!

我国地域辽阔,新技术层出不穷,收编资料范围较广,书中引用其研究成果,尚未署名的望予鉴谅!对他们的发明表示崇敬。加上本书编著时间紧迫,编著者水平有限,难免有错漏之处,敬请广大读者批评指正。

编 著 者

通信地址:福建省古田县新城过河路13号

邮 编:352200

电 话:0593—3882177

目　　录

第一章 香菇安全优质高效
生产基本要求

一、香菇无公害生产的重要性

(一)提高中国香菇品牌的国际竞争力

世界香菇产地集中在亚洲,以中国、日本、韩国为主产区。20世纪90年代以来,我国香菇生产发展速度较快,尤其是实施"南菇北移"栽培战略后,生产区域延伸,规模不断扩大,产量直线上升。有关资料表明,2004年中国香菇总产量达8万吨,占全球香菇总产量的78%,居世界首位。香菇出口量突破万吨,占亚洲香菇出口份额的80%多,相等于20世纪90年代初期全国香菇的总产量。

中国加入WTO之后,香菇贸易进入全球化,给香菇产业带来了千载难逢的发展机遇。然而中国香菇融入国际市场体系之后,必然给其他产菇国家带来冲击。一些国家为了保护本国菇业,相应地设置了许多非关税的"技术壁垒"、"绿色壁垒"、"物种壁垒"等,用以抵制中国香菇产品的输入。这些壁垒,给我国香菇入世带来举步维艰的屏障。要使中国香菇占领全球市场,必须实施无公害生产,强化技术监控,全面提升产品质量,确保中国香菇经受WTO/TBT(贸易技术壁垒协议)和WTO/SPS(实施动植物检疫措施协议)的"双把利剑"的严格考验和"三道门槛"(农药残留、重金属、病源微生物)的阻拦,才能顺利地通往世贸的"绿色通道",在复杂激烈的国际市场竞争中立于不败之地。

(二)食品健康安全众望所归

"回归自然,向往绿色,讲究保健,关注安全",这是现代食品消费的时尚新潮。食品安全的核心是无公害,让消费者吃得放心,这已逐步成为亿万民众的共识,亦成为一种物质文明享受的现实追求。维护消费者的健康和权益,已成为世界各国的一个重要决策。国务院办公厅颁布的 2001~2010 年《中国食物与营养发展纲要》中,强调保障食品质量、安全与卫生,大力发展无污染,安全优质,营养丰富的食物生产。2001 年 4 月国家农业部出台了《全面推行无公害食品行动计划的实施意见》,继之国家质量监督检验检疫总局和国家农业部又联合发布了《无公害农产品管理办法》。表明食品安全已引起了政府的高度重视。在这种新形势下,更应以安全为目标,从生产源头抓起,不断提高产品质量,使其达到国际 HACCP(安全卫生)认证的要求,实现从田园到餐桌安全无污染,让消费者吃得放心,吃得健康,这是人心所向,大势所趋的主流,也是时代发展赋予我国香菇生产者义不容辞的光荣使命。

(三)产业发展的必然趋势

我国是香菇生产大国,在香菇生产中任重道远。但应当看到的是我国香菇生产大多数是单家独户栽培,科技和生产实力薄弱,产品质量缺乏国际竞争力;生产设备简陋,生产工艺和管理技术,还存在许多有待解决的实际问题。加之现代工业发展,"三废"的大量出现和农业化肥、农药的频繁使用,引起了农业环境土壤、水源、空气的污染和原料有害物质的残留,导致香菇出现不同程度的污染。

香菇已成为我国农业产业结构调整和农民致富奔小康的高效项目之一,今后必将逐步向标准化、规范化、专业化方向发展。要把产业做大做强，必须严格执行联合国粮农组织（FAO）和世界卫生组织（WHO）的要求，坚持"天然、营养、保健"的原则。按照这两个组织的法规委员会（CAC）所颁布实施的食品质量全面监控规定（ISO-9000 系列）的要求，以及我国政府近年新出台的有关发展无公害食品、绿色食品、有机食品的法规，做到高标准、严要求，打好基础，为逐步向绿色食品和有机食品目标方向发展，进一步推动香菇质量安全上水平、上档次，才能确保中国香菇生产的可持续发展。

二、无公害香菇产地环境条件

（一）生产场地主要污染源

香菇生产场所的环境条件，对香菇产品质量关系密切。从污染分析，如果栽培场地靠近城市和工矿区，其土壤中重金属含量较高，地表水可能被重金属（镉、砷、铬、汞、铅、锌等）以及农药、硝酸盐污染，污染物也会被香菇富集和吸收，这不仅危害香菇子实体的正常生长发育，降低产量；更严重的是有害物污染降低了香菇的品质。此外，环境空气污染，如栽培场地的空气中有毒有害气体和空气悬浮物（二氧化硫、氟化氮、氯气、二氧化碳、粉尘和飘灰等）超标，都会使香菇产品卫生指标超标，甚至造成有毒有害物质的残留。

（二）优化产地环境要求

香菇来自天然，应当回归自然。现行栽培方式是室内养菌，野外菇棚长菇，因此，要求收获无公害产品，第一关是优化产地生态环境。

1. 养菌室四要求

（1）远离污染区　养菌室必须远离食品酿造工业、禽畜舍、医院和居民区至少3 000米之外。

（2）结构合理　养菌室应坐北朝南,环境清洁,空气对流,门窗安装防虫网,墙壁刷白灰。

（3）无害消毒　选用无公害的次氯酸钙等药剂消毒,使用的药剂能迅速分解为对环境、人体及香菇生产无害的物质。

（4）物理杀菌　安装紫外线灯或电子臭氧灭菌器等进行物理消毒,取代化学药物杀菌。

2.菇棚五必须

（1）场地必须优化　菇棚要求傍山近溪河,四周宽阔,气流通畅,周围无垃圾等乱杂废物。

（2）土壤必须改良　采取深翻晒白后,灌水、排干、做畦,覆土栽培的土壤必须进行消毒。

（3）菇床必须消毒　采用石灰粉或喷茶籽饼、烟叶基秆等生物制剂,取代化学农药进行消毒杀虫。

（4）水源必须洁净　菇棚用水的水源要求无污染,水质清洁。最好采用泉水、井水和溪河畅流的清水,而池塘水、积沟水不宜取用。

（5）茬口必须轮作　采取一年农作物,一年种香菇,稻菇合理轮作。减少病原与害虫的中间宿主,隔断病虫传播媒介,降低病虫源积累,避免重茬加重病虫害。

（三）产地生态环境技术指标

作为无公害香菇栽培的出菇场地,其生态环境应按GB/T 184071—2001 《农产品安全质量 无公害蔬菜产地环境要求》的要求,达到表1-1、1-2、1-3的标准,或者符合国家农业部农业行业标准NY/T 391—2000 《绿色食品产地环境技术条件》的要求。

1. 土壤质量标准

无公害香菇产地土壤质量要求,见表 1-1。

表 1-1　土壤质量标准

项　目		指标(毫克/千克)		
		pH<6.5	pH6.5~7.5	pH>7.5
总　汞	≤	0.30	0.50	1.0
总　砷	≤	40	30	25
总　铅	≤	100	150	150
总　镉	≤	0.30	0.30	0.60
总　铬	≤	150	200	250
六六六	≤	0.5	0.5	0.5
滴滴涕	≤	0.5	0.5	0.5

2. 水源水质标准

出菇用水的水质必须定期进行测定。采样原则和采样方法参照 GB/T 184071—2001。其平均值要求符合标准,见表 1-2。

表 1-2　用水质量标准

项　目		指标(毫克/升)
氯化物	≤	250
氰化物	≤	0.5
氟化物	≤	3.0
总　汞	≤	0.001
总　砷	≤	0.05
总　铅	≤	0.1
总　镉	≤	0.005
铬(六价)	≤	0.1
石油类	≤	1.0
pH 值	≤	5.5~8.5

3. 空气质量标准

栽培场地空间,要求大气无污染,空气质量要符合标准,见 1-3。

表 1-3　环境空气质量标准

项　目	指　标	
	日平均	1 小时平均
总悬浮颗粒物(TSP)(标准状态)(毫克/米³)	0.30	
二氧化硫(SO_2)(标准状态)(毫克/米³)	0.15	0.50
氮氧化物(NO_x)(标准状态)(毫克/米³)	0.10	0.15
氟化物(F)〔微克/(分米³·天)〕	5.0	
铅(标准状态)(微克/米³)	1.5	

三、无公害生产原辅材料要求

现行我国香菇生产的主要原料为杂木屑、棉籽壳、甘蔗渣、野草等农副产品下脚料。有些原料在树木、棉花生产过程中由于产地生态环境或不科学施化肥、农药,致使富集有重金属镉、汞、铅或农药残留。此外被重金属、农药污染的辅助培养料麦麸、米糠以及添加剂等都有可能通过生物链不同程度地将污染物输入香菇组织,并转移到子实体中,造成产品污染。为此,在实施无公害生产中,原、辅料必须认真选择,并进行农药残留和重金属含量的检测,只有不超标的原材料,才能生产出无公害的优质香菇产品。

(一)主要原料

主要原料指的是用于栽培香菇的木屑、农作物秸秆、野草等,下面分别介绍。

1. 木屑类

木屑是现行袋栽香菇的主要原料,它含粗蛋白质

0.39％、粗脂肪 4.5％、粗纤维 42.7％、可溶性碳水化合物 28.6％、粗灰分 0.56％、碳氮比（C/N）约为 492。收集木屑时要注意以下几点。

（1）选择适用树种　适合栽培香菇的树种，据不完全统计有 200 多种。总的来说，除含有油脂、松脂酸、精油、醇类、醚类以及芳香性抗菌或杀菌物质的树种，如松、杉、柏、樟、洋槐、夜恒树等不适用外，一般以材质坚实，边材发达的壳斗科、桦木科和金缕梅科的阔叶树种较为理想。这里介绍适合香菇生产的树木有 16 个科属，87 个树种（表 1-4）。

表 1-4　适合栽培香菇的主要树种名称

科　属	树木名称
壳斗科	青冈栎、栓皮栎、栲树、抱栎、白栎、蒙栎、麻栎、槲栎、大叶槠、甜槠、红锥、板栗、茅栗、刺叶栎、柞栎、红勾映、粗穗栲、硬叶稠、丝栗栲、桂林栲、南岭栲、刺栲、红钩栲
桦木科	光皮桦、西南桦、黑桦、桤木、水冬瓜、枫桦、赤杨、白桦
桑　科	桑、鸡桑、构树
榛　科	鹅耳枥、大穗鹅耳枥、千金榆、白山果、榛子
豆　科	黑荆、澳洲金合欢、银荆、银合欢、山槐、胡枝子
金缕梅科	枫香、蕈树、中华古阿丁枫、短尊枫香、光叶枫香、蚊母树
杜英科	杜英、猴欢喜、薯豆、中华杜英、剑叶杜英
胡桃科	枫杨、化香、核桃揪、黄杞
榆　科	白榆、大叶榆、青榆、榆树、朴树
槭树科	枫、白牛子、盐肤木、芒果、野漆、黄连木
杨柳科	大青杨、白杨、山杨、朝鲜柳、大白柳、柳树
木樨科	水曲柳、花区柳、白蜡树
悬铃科	法国梧桐
大戟科	马蹄浪
藤　科	多花山竹子
蔷薇科	桃、李、苹果、山樱花

（2）干燥加工处理　树木砍伐后，它的生长停止了，但细胞并未死亡，如果直接将它加工成木屑用来培育香菇，不利于菌丝生长。菇木经过干燥，细胞死去，微生物才能侵入发酵，放出二氧化碳和水蒸气，同时产生酒石酸、苹果酸、琥珀酸等有机酸，以供菌丝萌发和生长的需要。因此，菇木必须经过干燥后再加工成木屑。由于袋料栽培香菇在全国各地大面积推广，木屑使用量增大，因此，大部分地区不分季节砍伐杂木，加工成木屑。有的是 6～7 月砍伐加工，8 月就用于种菇。随砍随用，树木中的单宁酸等没有挥发，致使接种后香菇菌丝一时难于分解养分，导致冬菇产量极少。待到来年春季，虽然基质养分可以分解，但季节已过，气温高，生产周期结束，造成春菇产量也受影响。

无论是什么季节砍伐的树木，均要求砍后即行切片，晒干，然后粉碎成木屑，收集成堆。适用栽培香菇的树木，一般单宁酸含量较高，通过堆积后，单宁酸量将大大减少，有利于香菇菌丝生长。木屑的粗细，因加工工具和木质而异，用带锯加工的木屑比圆盘锯加工的细，硬质木材的木屑比软质木材的木屑细。栽培香菇用的木屑粗的比细的好，硬质木材的木屑比软质木材的木屑好。用于塑料袋栽培的木屑，均要通过孔径 4 毫米的筛，以清除杂物及尖刺木片，以免刺破料袋。

（3）下脚料收集　除了树木砍伐加工成木屑外，还可以收集伐木场、木器社、锯板厂、火柴厂等木材加工单位的枝桠、边角、碎屑，作为香菇培养料，但应选择适合种菇树种。通常木器加工厂所采用的树种多为优质杂木，如栲、槠、槠、栎等，用于加工螺丝刀柄、刷柄、枪柄等，其材质坚实，有利于种菇，可以收集利用。由于加工的边角、碎屑具有较多水分，所以加工的木屑应及时晒干。在收集时注意两个方面：一是有的木器加工厂为了防止木料变形,采用草酸溶液浸泡木材,然后再烘烤定型,这样的边材碎屑,由于养分受到破坏,用于栽培香菇是不理想的;二是防止混杂有杉、松等杀菌树种的锯屑。

(4)杉、松木屑开发利用 我国以杉、松为主的针叶树占森林蓄积量的 70% 左右,其木屑资源十分丰富,是可以利用的菇木原料。据分析,马尾松含碳 49.5%,氢 6.5%,氧43.2%,氮 0.8%,与大叶栎和其他常用菇木接近。由于杉、松木屑含有烯萜类有害于香菇菌丝生长的物质,为开发利用杉、松等针叶树栽培香菇,各地科研工作者作了不少努力。

对杉、松木屑的处理办法,各地区积累了不少经验,大体有以下几种。

① 高压常压排除法 采用高压或常压灭菌,排除有害物质。高压灭菌时按常规操作,排除冷气后,待气压上升到147.1 千帕时,加大火力或通入蒸汽,然后慢慢地打开排气阀,排气 10 分钟,关上气阀。若是新鲜的木屑需进行第二次排气。排气后让气压回升,保持灭菌 2 小时,达标后停火,让压力自然下降,这样,有害物质基本除去。也可采用常压灭菌法排除有害物质。具体操作方法:待灭菌灶内上大气 30 分钟后,加大火力,排气 10 分钟,让有害物质排除,然后保持 100℃ 10小时以上,焖 8 小时后出锅,晒干待用。

② 蒸馏法 利用蒸馏香茅草油或薄荷油、山苍籽油的设备,先把水放进锅内,距通气木隔板 10 厘米。再装入松、杉木屑,稍压实后用木棍插几个通气孔,盖好锅盖,以防漏气,并在锅沿注满水。然后把锅盖上的通气管与冷却器上部接好。冷却器底部直通桶外,连接油水分离器。安装后烧猛火,经 2～2.5 小时开始出油,以后保持火力 4～5 个小时,待无油出现时即熄火。第二天取出木屑晒干备用。每 100 千克松木屑出

油量约 0.214 千克,杉木屑出油量为 1.37 千克。

③石灰水浸泡法　用倍量的 0.2%～0.5%浓度的石灰澄清液,浸泡松、杉等木屑 12～24 小时,捞起后用清水冲洗至无浑浊,至 pH 值 7 以下时为止。再将水沥干或晒干后待用。用上述浓度的石灰水浸泡,气温在 20℃ 以下时,至少需 24 小时。

④堆积发酵法　将松、杉木屑倒进水沟填满沟面,经过一段时间的风吹日晒雨淋后,挖取下半部的木屑晒干备用。也可将此类木屑拌 2%～3%浓度的石灰水,调节至含水量 65%左右后,每隔 4～5 天翻堆 1 次,堆积发酵 20 多天,即可使用,晒干待用更好。用时必须测定该料的 pH 值,以 pH 值 7 以下为宜,切忌碱性过高。

⑤水煮法　将无底木桶放在大铁锅上,倒入木屑,加水至淹没为度,再用木棍搅成稀浆状,盖好桶盖开始烧火。煮沸后约经 4 小时,即可熄火。第二天捞出木屑晒干备用。

2. 秸秆类

我国农村每年均有大量的农作物秸秆、芯壳,如棉籽壳、玉米芯、葵花籽壳、黄麻秆、大豆茎秆、甘蔗渣等,这些下脚料,过去大都作为燃料烧掉,十分可惜。这些秸秆是新法栽培香菇的原料之一,而且营养成分十分丰富,有的比木屑还好。

(1)棉籽壳　又叫棉籽皮,为榨油厂的下脚料,也是栽培香菇的一种原料,全国棉花产区棉籽壳年产量约 1 350 万吨。据华中农业大学测定,棉籽壳含氮 0.5%、磷 0.66%、钾 1.2%,纤维素 37%～48%,木质素 29%～42%,尤其是棉籽壳的粗蛋白质含量达 17.6%,比麦麸高 6.2%;脂肪含量 8.8%,比麦麸高 4%。具有营养成分高、质地坚硬、有利于菌丝逐步分解利用,后劲足等特点。同时,由于棉籽壳形状规则,有残留的棉花纤维,颗粒间空隙较大,培养料通气性好,有利于菌丝生长发育。

由于棉花生产中使用农药较多,且棉籽壳中又含有棉酚,用棉籽壳作为栽培基质生产的香菇,其子实体食用的安全性,包括农药残留和棉酚的含量,一向为人们所关心。卢青达等对棉籽壳栽培的食用菌进行农药残留和棉酚分析,结果表明,未处理的棉籽壳中含棉酚 230 毫克/千克,经过灭菌后棉籽壳中含棉酚 53 毫克/千克。用棉籽壳栽培的香菇子实体中棉酚含量为 49 毫克/千克,比联合国粮农组织(FAO)所规定的卫生标准低一个数量级,认定无公害。试验还指出,香菇子实体中的有机氯、有机磷农药、1059、DDV、3911、乐果等的残留量极低或未检出,均符合国家及联合国规定的食品卫生标准。

棉籽壳必须选择无霉烂、无结块、未被雨水淋湿的。当年收集,长年利用。在贮藏和运输过程中,应防止因高温自燃。作栽培料用时不必加工,可与其他原料、辅料直接配合。

(2)玉米芯 脱去玉米粒的玉米棒,称玉米芯,也称穗轴。我国玉米播种面积居粮食作物的第三位,年产玉米芯及玉米秸秆约 9 000 万吨。干玉米芯含水分 8.7%,有机质 91.3%,其中粗蛋白质 2%,粗脂肪 0.7%,粗纤维 28.2%,可溶性碳水化合物 58.4%,粗灰分 2%,钙 0.1%,磷 0.08%,碳氮比(C/N)约为 100。玉米芯加其他辅料,补充氮源,可作为袋栽香菇原料。要求晒干,将其粉碎成绿豆大小的颗粒,不要粉碎成粉状,否则会影响培养料通气,造成发菌不良。

(3)甘蔗渣 甘蔗榨取糖后的下脚料称蔗渣。我国年蔗渣产量在 600 万吨左右。新鲜干燥的甘蔗渣,白色或黄白色,有糖的芳香味。一般含水分 8.5%,有机质 91.5%,其中粗蛋白质 1.5%,粗脂肪 0.7%,粗纤维 44.5%,可溶性碳水化合物

42％,粗灰分2.9％,碳氮比约为84。甘蔗渣必须选择新鲜、色白、无发酵酸味、无霉变的,一般应取用糖厂刚榨过糖的新鲜蔗渣,并要及时晒干贮藏备用。没有充分晒干,久堆结块,发黑变质,有霉味的,不宜采用。在新鲜甘蔗渣中,以细渣为好。若是带有蔗皮的粗渣,要经过粉碎筛选后再使用,以防刺破栽培袋。

(4)其他秸秆　木薯秆、大豆秸、葵花秆、高粱秆、玉米秆、黄麻秆以及花生壳、葵花籽壳、谷壳、稻草等均可作代料,要求不霉变、不腐烂,使用时要粉碎成木屑状。

3. 野草类

野草可以代替木屑作原料,主要是芒萁、类芦、芦苇等。这一新技术是福建农学院科研人员研究成功的,该成果已推广到国内外。野草营养成分十分丰富,这里选择几种野草进行分析(表1-5)。

表1-5　几种野草营养成分分析　(单位:％)

品　名	蛋白质	脂肪	纤维	灰分	氮	磷	钾	钙	镁
芒　萁	3.75	2.01	72.1	9.62	0.60	0.09	0.37	0.22	0.08
类　芦	4.16	1.72	58.8	9.34	0.67	0.14	0.96	0.26	0.09
斑　茅	2.75	0.99	62.5	9.56	0.44	0.12	0.76	0.17	0.09
芦　苇	3.19	0.94	72.5	9.53	0.51	0.08	0.85	0.14	0.06
五节芒	3.56	1.44	55.1	9.42	0.57	0.08	0.90	0.30	0.10
菅　草	3.85	1.33	51.1	9.43	0.61	0.05	0.72	0.18	0.08

引自福建农学院中心实验室测定资料

利用野草栽培香菇,每1 000克干料平均可产鲜菇852克,产量接近于木屑,而且成本低。野草的特性与木屑不同。采割、加工及贮藏与木屑也不同。芒萁、类芦等野草由于含氮量较高,所以在采收时要十分注意季节和天气的选择。如果在雨季采收,无法干燥加工,很容易霉变,会降低野草的利用价值。因此,一定要选在连续晴5~7天后采割。野草松散,可用福建农学院食用菌实验场和农业机械所联合研制成功的 F-450 型野草粉碎机加工,每小时可生产草粉125~150千克。由于野草物理结构不同,野草粉碎机的筛孔大小也有差别。加工芒萁时只能用筛孔为 2 毫米的筛片,如果用筛孔为 2.3 毫米的筛片,加工的芒萁会把菌袋刺破,造成污染;而粉碎类芦等禾本科的野草应用筛孔为 2.3~2.5 毫米的筛片。野草经粉碎加工后要贮藏在干燥的室内,否则易霉变、结块,降低营养价值。

(二)辅助原料

辅助原料又称辅料,是指能补充培养料中的氮源、无机盐和生长因子,及在培养料中添加量较少的营养物质等。辅料除能补充营养外,还可改善培养料的理化性状。常用补充营养的辅料是天然有机物质,如麦麸、玉米粉等,主要用于补充主料中的有机态氮、水溶性碳水化合物以及其他营养成分的不足。

1. 麦 麸

麦麸是小麦籽粒加工面粉时的副产品。是麦粒表皮、种皮、珠心和糊粉的混合物,在香菇制种和栽培中,是一种优良的辅料。其主要成分为:水分12.1%,粗蛋白质13.5%,粗脂肪 3.8%,粗纤维 10.4%,可溶性碳水化合物 55.4%,灰分4.8%,其中维生素 B_1 含量高达 7.9 微克/千克。麦麸蛋白质中,含有 16 种氨基酸,尤以谷氨酸含量最高可达 46%,营养十分丰富,而且质地疏松,透气性好。但易滋生霉菌,故用作培养基时需经严格挑选,变质发霉的不宜使用。在香菇生产上,它既是优质氮源,又是富含维生素 B_1 的添加剂,一般用量不超过 20%。是香菇栽培不可缺少的辅料之一。

2. 米　糠

米糠是稻谷加工大米时的副产品,是香菇生产的辅料之一,可取代麦麸。它含有粗蛋白质 11.8%,粗脂肪 14.5%,粗纤维 7.2%,钙 0.39%,磷 0.03%。蛋白质、脂肪含量高于麦麸。选择时要求用不含谷壳的新鲜细糠,因为含谷壳多的粗糠,营养成分低,对香菇产量有影响。米糠极易孳生螨虫,宜放干燥处,防止潮湿。

3. 玉米粉

玉米粉因品种与产地的不同,其营养成分亦有差异。一般 100 克的玉米粉中,含有粗蛋白质 9.6%,粗脂肪 5.6%,粗纤维 3.9%,可溶性碳水化合物 69.6%,粗灰分 1%。尤其维生素 B_2 的含量高于其他谷物。在香菇培养基中加入 2%～3% 的玉米粉,增加碳素营养源,可以增强菌丝活力,显著提高产量。

4. 蔗　糖

蔗糖是香菇培养料中的有机碳源之一,有利于菌丝恢复和生长,配方中常用 1%～1.5%。由于香菇菌丝在接种过程中受到损伤,接入料中后还没有分解和吸收木屑营养成分的能力,需要一定时间的恢复。而恢复后的菌丝生命活力虽很旺盛,但在分泌胞外酶方面还不很活跃,菌丝侵入木屑需要很强的侵蚀能力,需消耗大量的能量来满足生长需要,此时惟有糖(单糖、双糖)最容易被吸收利用。糖的比例也不能过高,如果达 8% 以上时,培养基内水分的溶质含量过高,使菌丝细胞外的水势低于细胞内的水势,致使菌丝细胞的水分外渗,不利于菌丝的新陈代谢活动,形成纤弱状态。香菇生产上用白糖、红砂糖、板糖均可,价格也便宜。

（三）添 加 剂

培养料配方中常采用石膏粉、碳酸钙，以及过磷酸钙、尿素等化学物质。有的以改善培养料化学性状为主，有的是用于调节培养料的酸碱度，常用的添加剂有以下几种。

1. 石 膏

石膏的化学名称叫硫酸钙，弱酸性，分生石膏与熟石膏两种，化工商店销售的石膏即可作为栽培香菇的辅料。生石膏的分子式是 $CaSO_4 \cdot 2H_2O$，有白色、粉红色、淡黄色或灰色，透明或半透明，呈板状、纤维状或细粒块状，有玻璃样光泽。加热煅烧至150℃脱水成熟石膏，分子式为 $(CaSO_4)_2 \cdot H_2O$，呈粉末状。熟石膏在香菇生产上，广泛作固体培养料中的辅料。其主要作用是改善培养料的结构和水分状况，增加钙营养，调节培养料的 pH 值。一般用量 1%～2%。

2. 碳 酸 钙

碳酸钙的纯品为白色结晶或粉末，极难溶于水中，分子式为 $CaCO_3$。可用石灰石等材料直接粉碎加工而成，也可用化学法取得，产品质纯粒细，称为碳酸氢钙，易溶于水，水溶液呈微碱性，因其在溶液中能对酸碱起缓冲作用，故常用作缓冲剂和钙素养分添加于培养料中，用量一般为 0.5%～1%。为降低成本，栽培常用碳酸钙。

3. 过 磷 酸 钙

过磷酸钙是磷肥的一种，也称过磷酸石灰，为水溶性，灰白色或深灰色，或带粉红色的粉末。有酸的气味，水溶液呈酸性，主要化学成分为磷酸二氢钙 $Ca(H_2PO_4)_2 \cdot H_2O$ 和无水硫酸钙 $(CaSO_4)$，磷含量 (P_2O_5)14%～18%。磷是真菌细胞代谢中十分活跃的元素，是核酸和磷脂及高能化合物 ATP 的组成元素，故常用作补充养分。过磷酸钙因呈酸性，只用于固体培养料中,用量一般为 1%左右。

4. 尿 素

尿素是一种有机氮素化学肥料,也称"脲"。化学分子式为 $CO(NH_2)_2$,白色晶体,含氮量为 42%～46%,加热超过熔点即分解为氨(NH_3)。易溶于水,溶液呈中性反应。是蛋白质的代谢产物,为人和哺乳动物尿中的主要含氮物质。在香菇生产中,常用作培养料的补充氮素营养,其用量一般为 0.1%～0.2%,添加量不宜过大,以免引起氨对菌丝的毒害。

5. 硫 酸 镁

硫酸镁,又称泻盐,无色或白色结晶体,化学分子式 $MgSO_4$,易风化,有苦咸味,可溶于水。它对微生物细胞中的酶有激活作用,促进代谢。在培养基配方中,一般用量为 0.03%～0.05%,有利于菌丝生长。

(四)栽培基质安全标准

香菇为木生菌,现各地栽培原料主要是以木屑为主,配合棉籽壳、豆秸、葵花秆、木薯秆、甘蔗渣等,辅以麦麸或米糠,并添加微量元素。上述原、辅材料应符合国家农业部发布的 NY 5099—2002 《无公害食品 食用菌栽培基质安全技术要求》。为此,原、辅材料要注意把好四关:即采集质量关,原材料要求新鲜、无霉烂变质;入库灭害关,原料进仓前烈日曝晒,杀灭病源菌和害虫;贮存防潮关,仓库要求干燥、通风、防雨淋、防潮湿;堆料发酵关,原料使用时,提前堆料发酵,有利于杀灭潜伏在料中的杂菌与害虫。经灭菌后的基质需达到无菌状态,不允许加入农药拌料。无公害基质添加剂要求标准见表 1-6。

表 1-6　栽培基质化学添加剂使用标准

添加剂种类	使用方法和用量
尿　素	补充氮源营养,0.1%~0.2%,均匀拌入栽培基质中
硫酸氢铵	补充氮源营养,0.1%~0.2%,均匀拌入栽培基质中
碳酸氢铵	补充氮源营养,0.2%~0.5%,均匀拌入栽培基质中
氰氨化钙(石灰氮)	补充氮源营养和钙素,0.2%~0.5%,均匀拌入栽培基质中
磷酸二氢钾	补充磷和钾,0.05%~0.2%,均匀拌入栽培基质中
磷酸氢二钾	补充磷和钾,用量为0.05%~0.2%,均匀拌入栽培基质中
石　灰	补充钙素,并有抑菌作用,1%~5%,均匀拌入栽培基质中
石　膏	补充钙和硫,1%~2%,均匀拌入栽培基质中
碳酸钙	补充钙,0.5%~1%,均匀拌入栽培基质中

(五)配用材料

1. 塑料栽培袋

塑料薄膜栽培袋是香菇生产的基质容器。

(1)规格要求　选用高密度低压聚乙烯(HDPE)薄膜袋,为低压聚乙烯薄膜加工制成的料筒。低压、聚乙烯塑料呈白色蜡状,半透明、柔而韧、抗张力强度好、抗折率强,能耐高温115℃~135℃,是袋栽香菇常用的一种理想薄膜袋筒料。常见规格有筒径折幅宽15厘米、17厘米、20厘米、25厘米,薄膜厚度4丝米、5丝米、6丝米。香菇大面积露地立筒栽培实践表明,筒径折幅15厘米(周长30厘米,直径9.5厘米)、薄膜厚度4~5丝米规格的较为适合。北方气候干燥,水分散失快,培育花菇的袋规格要适当加码。河南省南阳市西峡采用折幅17厘米的,也有的地方采用折幅20厘米,河南省焦作市泌阳采用折幅25厘米的大袋。

(2)质量检测　优质塑料筒料的标准要求达到：薄膜厚

薄均匀、筒径扁宽大小一致；料面密度强,肉眼观察无砂眼,无针孔,无凹凸不平;抗张强度好,剪2～4圈拉而不断;耐高温,装料后经100℃灭菌,保持16～20小时,不膨胀、不破裂、不熔化。

(3)**制袋方法** 香菇栽培袋的长度为55厘米。工厂生产出来的筒料卷成圆捆,一般每捆10千克左右。每千克筒料可裁制成栽培袋160个。制袋时先把筒料解开,缠绕在55厘米长的木板上。缠绕10～20层后,用裁刀或刀片割成一段段袋料,每100段扎成一小捆。然后用棉纱线或编织带,把每一段筒料的一端扎紧,口端与筒料距离1厘米左右。然后把口端剩余的薄膜反折过来,再用纱线扎捆牢固,即可密封。也可以将已扎口薄膜的小束一端,朝向加热的铁板上热烫,或置于蜡烛火焰上灼烧,使端头塑料熔化,随即用水冷却,凝结成粒状密封,即成香菇栽培袋。

2. 胶 布

胶布用于接种穴封口。香菇袋料打穴接种后,用胶布封口,可保护菌种免受杂菌污染,也可防止水分散失,以利于菌丝在短期内萌发定植。每种植1万袋需专用胶布48筒。专用胶布是厂方按照香菇接种穴封口的大小,专门生产的产品,其宽度3.25厘米、长度1 000厘米为1卷,每筒装4卷,每箱装25筒。专用胶布使用时,剪成3.25厘米×3.25厘米的小方块,重叠成排,接种时逐块揭下,贴封在穴口上面。也可以采用纸胶或透明胶代替胶布,作为封口物,但透气性差些。

3. 纱 线

棉纱线用于绑扎薄膜袋口,常用的有21支纱线、25支纱线。每种植1万袋,需要纱线1～1.5千克。纱线要求质地柔软,既能捆扎牢固,又不用剪刀,手能够拉断。也可以采用塑料编织带代替棉纱线。

4. 棉 花

棉花主要用作菌种的瓶塞。同时在接种消毒时,用棉花蘸酒精消毒工具。作为母种试管口的棉塞和消毒用的棉花,应选用脱脂棉。菌种瓶口棉塞,用普通棉花即可。

5. 塑料薄膜

用作围罩香菇露地排筒畦床上的防雨棚覆膜,可起到保温、保湿作用。常用幅宽 3 米、4 米、6 米、8 米不等,膜厚 8 丝米的聚乙烯(LDPE)塑料薄膜。此膜柔软,蜡状透明。

6. 遮阳网

遮阳网是用黑色的塑料窄条编织而成的网状物,用于菇棚遮挡阳光。太阳光被黑色塑料窄条遮掉大部分,又从网眼中透进少部分,并能通风降温。市售遮阳网有密度 65%、75%、85%、95% 的几种规格,宽幅 1.6～4 米,每卷长 150 米,可根据需要裁剪,网边配固定用的绳子。遮阳网重量轻,使用比较方便。

(六)无公害消毒用品

无公害生产可用的消毒药剂及使用范围如下。

1. 75% 酒精

酒精又名乙醇,化学分子式 C_2H_5OH。用 95% 酒精 75 毫升,加蒸馏水 20 毫升,用于工具、手等消毒,具有使蛋白质脱水变性和溶菌作用,但不能杀死细胞芽孢,故只能做消毒剂。

2. 0.25% 新洁尔灭

5% 浓度的原液 50 毫升,加蒸馏水 950 毫升配成。用于皮肤和空气喷雾消毒,能破坏微生物细胞膜,并使蛋白质变性。

3. 5% 石炭酸溶液

石炭酸又名苯酚,化学分子式 C_6H_5OH。用石炭酸 5 克,加蒸馏水或冷开水95毫升,配成水溶液,用于皮肤和空气喷雾消毒,能破坏微生物细胞膜,并使蛋白质变性。

4. 2%来苏尔溶液

来苏尔又名煤酚皂液。用50%来苏尔40毫升,加蒸馏水960毫升,用于皮肤和空气喷雾消毒,能破坏微生物细胞膜,并使蛋白质变性。

5. 0.1%升汞

升汞又名氯化汞,化学分子式$HgCl_2$。用升汞1克,溶于25毫升浓盐酸中,再加蒸馏水至1 000毫升,用于菌种组织分离时表面消毒。它的汞离子能与微生物的蛋白质结合,使其变性或抑制酶类。

6. 气雾消毒盒

这是一种新型熏烟消毒剂,对食用菌生产中常见的杂菌和病原菌,均有强烈杀伤作用。有效使用剂量为每立方米空间2克,污染严重的旧菇房,每立方米空间5克,作用时间30分钟以上。气雾消毒盒系袋装粉剂,每袋50克或150克。使用时用火点燃袋角,就能连续喷出大量有效灭菌气体和烟雾。这些烟雾与空气中水分交融,利用烟气压力可渗透到任何一个角落,用于接种箱、接种室、发菌室、菇房等进行全方位的消毒。该产品有效氯含量达60%以上,对金属制品具有很强腐蚀性,对室内金属制品采取涂油防护后,再进行烟熏。近年广西南宁市万消灵消毒制剂厂(咨询电话:0771-4846100),生产一种高效消毒片,1片配水6~8升,可有效杀灭各种杂菌。

7. 福尔马林

福尔马林为40%左右的甲醛溶液,化学分子式HCHO。标准福尔马林含甲醛37%~41%,为无色透明液体,有强烈的刺激性气味,可杀灭各种类型的微生物。其杀菌机制为凝固蛋白质,还原氨基酸,属广谱性杀菌剂。用法有 3 种:①喷雾法,配成一定比例的溶液喷雾消毒;②化学反应法,用福尔马林 10 份,高锰酸钾 5 份,混合产生气体;③加热法,把福尔马林倒入瓷碗等容器中,用炭火加热蒸发,达到杀菌的目的。但它有一定毒性和刺激性。清除办法是开门窗通风或按福尔马林用量一半的 25% 氨水(或以 5 克/立方米用量的碳酸氢铵)加热产生氨气,使之与甲醛反应,生成白色无臭的乌洛托品。常用于接种箱、无菌室的消毒。

8. 高锰酸钾

高锰酸钾又名灰锰氧,化学分子式 $KMnO_4$。本品为暗紫色晶状体,有金属光泽,性稳定,耐贮藏。为强氧化剂,在 200℃ 下即分解出氧,易溶于水。水溶液在酸碱条件下很不稳定,要随配随用。0.01%～0.1% 浓度的溶液作用 10～30 分钟,可杀灭微生物营养体;2%～5% 溶液作用 24 小时,可杀灭细菌芽孢。其杀菌机制是使蛋白质和氨基酸氧化,并使酶失活,导致菌体和芽孢死亡。温度升高可加强杀菌作用,有机物可降低杀菌效果,碘化物和还原剂对其有拮抗作用。常用溶于福尔马林,使其产生甲醛气体进行熏蒸灭菌。本品具有腐蚀性,切忌用湿手取药。

9. 硫 黄

硫黄常用于栽培房消毒,按每立方米空间用 15～20 克,放入炭火中燃烧产生二氧化硫,熏蒸 12～24 小时,可杀死杂菌及害虫。

10. 石 灰

石灰常用于栽培场地及畦床消毒,也用于可覆盖污染物杀菌,也可使用 5%～10% 上清液,擦洗杂菌污染处。属碱性杀菌剂。

四、无公害生产配套设施

（一）现代化生产常用机械设备

1. 原料切碎机械

菇木切碎机，是一种木料切片与粉碎一次完成的新型机械。常用的有辽宁朝阳生产的 MFQ-5503 菇木切碎两用机，福建生产的 MQF-420 型菇木切碎机（见彩图 28），浙江生产的 6JQF-400A 型秸秆切碎机等，是近年来新研制的适应代料加工的机械。该机生产能力高达 1 000 千克/时，配用 15～18 千瓦电动机或 11 千瓦以上柴油机。生产效率比原有机械提高40%，耗电节省 1/4，适用于直径（∅）12 厘米以下的枝桠、农作物秸秆和野草等原料的加工。

2. 培养料搅拌装袋机

现将培养料搅拌机、装袋机及装瓶机，分别介绍如下。

（1）搅拌机　常用的有福建古田生产的 WJ-70 型搅拌机，生产能力为湿料 1 000 千克/时；山东枣庄生产的 JB-50型、JB-100 型食用菌原料搅拌机，河南兰考生产的 JB-70 型原料搅拌机；辽宁朝阳新推出的 BLJ-200、BLJ-150、BLJ-100等 3 种型号的拌料机，使用 220 伏普通照明电源，自动搅拌、自动卸料。

（2）袋装机　主要用于培养料装袋，常用的有福建古田产WD-66 型香菇专用装袋机，辽宁朝阳产 ZDⅢ（Ⅱ）型、河南兰考产 ZD-A 型等多功装袋机，配用 0.75 千瓦电动机，用普通照明电源，生产能力 800～1 000 袋/时，配用多套口径不同的出料筒，可装不同折幅的栽培袋（彩图 30）。

（3）装瓶、装袋两用机　常用的有 IDP3 型、ZDP3A 型、

JB-180型的装瓶装、袋两用机。配有2种规格套筒和搅龙,配用0.75千瓦电动机,生产效率800袋/时,或装瓶400瓶/时。适于制种培养料装瓶和栽培袋装料。

(4)自动化拌料输送装袋生产线 这是福建省机械研究院参考台湾"太空包"生产线,进行设计的香菇培养料搅拌输送装袋流水设备(彩图29)。这套机组包括培养料振动过筛→搅拌→输送→冲压装袋设备,全程自动化操作。占地面积12.5~14.5平方米,宽4.5米,适用于17厘米×37厘米或21厘米×57厘米规格的塑料折角袋装料。全流水线只需5~6人操作,生产能力1万~2万袋/10小时。培养料混合均匀,松紧适中,装袋高度一致,压料紧实,外形圆整,是我国香菇工厂化生产的理想设备(生产单位:福建漳州兴业食用菌机械厂,咨询电话:0596-2927120)。

3. 菌袋接种出菇管理机械

(1)菌袋接种机 近年来河南省等地生产出了菌袋接种机械,型号颇多,较为先进的有JZ12-18Ⅲ全自动多功能接种机(彩图31)。其特点为自动完成料袋表面消毒、压偏整形、打穴接种,并记录接种袋数。封穴口采用成卷的农膜安放于接种机上,自动封口粘合。配用动力220V,输入功率2kW,生产效率1 200长袋/时,或2 400短袋/时。外形220厘米×66厘米×162厘米,机重320千克,是我国目前较为先进的自动化菌袋接种设备(生产单位:河南省兰考华蕈食用菌设备公司,咨询电话:0378-6993825)。

(2)菇房增湿控温机 规模化生产香菇,必须备有温、湿调控设备。常用增湿机有河南西峡生产的PWT-3型菇棚温湿调控机(彩图35);宁波市勤州加湿设备厂生产的晨雾离心式增湿喷雾器(彩图34),可喷出5~10微米的超微雾粒,随着微风流动,使菇棚内形成雾化状态,空间相对湿度可控制80%～95%,并可降温,对香菇子实体生长有利(咨询电话:0574-88454691);福建省漳州兴业食用菌机械厂生产的XX1500超声波加湿器,适合菇棚喷雾增湿。

4. 产品加工包装机械

(1)小型脱水烘干机 香菇干燥可采用一般脱水烘干机。

① SHG电脑控制燃油烘干机 该机为组合箱体结构,配有电脑程序控制,电眼安全监测,程序贮存记忆,运行状态显示,为国内较为先进的烘干设备(彩图38)。此机采用0号柴油为燃料,薪、油两用,配置进口燃烧机,用750瓦电动机、220伏电源,控温范围0℃～70℃,超温故障双重保护。配烘干筛60个,每次可烘鲜菇500千克(出品单位:浙江省庆元菇星节能机械有限公司,咨询电话:0578-6126838)。

② LOW-260型脱水机 其结构简单,热交换器安装在中间,上方设进风口,中间配600毫米排风扇,两旁设干燥箱,箱内各安装13层竹制烘干筛。箱底设热气口,箱顶设排气窗,使气流在箱内顺畅流动,强制通风脱水干燥,是近年来广为使用的理想脱水机。鲜菇进房一般经14～16小时即可干燥,每次可加工鲜菇250～300千克(出品单位:福建省古田县顺利食用菌机械制造厂,咨询电话:0593-3882225)。其结构见图1-1。

(2)大型脱水烘干机 香菇生产规模较大,菇品日产量较多的产区,必须设置大型烘干设备。现有机组类型有以下几种。

① 换向通风式干燥机 这是中国农业工程院设计的分层摆放,换向通风干燥设备。不仅干燥菇品数量多,且性能先进,能换向通风作业,克服垂直通风干燥机的缺点。因此,广为

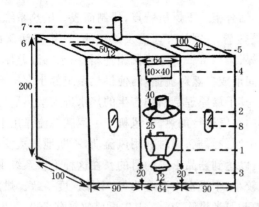

图 1-1　LOW-260 型脱水机　（单位：厘米）

1. 热交换器　2. 排风扇　3. 热气口　4. 进风口

5. 热风口　6. 回风口　7. 烟囱　8. 观察孔

采用。该机结构见图1-2。

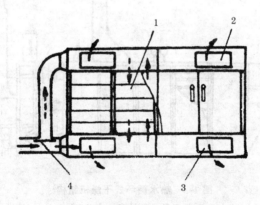

图 1-2　换向通风式干燥机结构

1. 干燥室　2. 上排风门（正向通风时工作）

3. 下排风门（反向通风时工作）　4. 换向风门

②热水循环式干燥机　此种机型是在隧道式干燥机原理

的基础上,结合柜式干燥机特点,研制而成。供热系统由常压热水锅、散热管、贮水箱、管道及放气阀门、排湿活阀门等组成。燃料煤、柴均可。采取热流循环,利用水的温差使锅炉与散热器之间形成自然对流循环,使供热系统处于常压下运行,较为安全。其干燥原理是锅炉产生的热水进入散热器后,将流经散热器的空气进行加热。在风机产生运载气流作用下,将热量传给待干制的鲜菇;同时利用风流动,不断地把蒸发出来的水分带走,以达到菇品干燥的目的。在这种干燥系统中,气流受到阻力较小,干燥室内温度均匀,干燥速度一致。烘房内设90厘米×95厘米烘筛80个,1次可摊放鲜菇700千克。烘出干品色泽均匀,朵形完整,产品档次高,为专业性加工厂场必备的设备。该机组结构见图1-3。

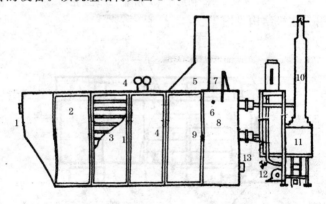

图 1-3 热水循环式干燥机结构

1. 左风机 2. 烘干房 3. 烘筛 4. 温度计 5. 排湿室
6. 余热回收门 7. 冷风门 8. 热交接器 9. 贮水箱
10. 烟囱 11. 热水锅 12. 鼓风机 13. 右风机

(3)**砖砌烘干灶** 简称脱水灶,这是古田县菇农按LOW-260型脱水机的结构和原理,建成的一种香菇烘干设施。这种脱水灶采用砖、水泥结构,灶高 200 厘米,长 284 厘米,宽 122 厘米(含 12 厘米砖墙)。灶的中间是热源室(高 200 厘米,长 122 厘米,宽 76 厘米),中间装 1 台 1.1 千瓦的 600 毫米排风扇,排风扇的下面安装热交换器,俗称炉头。排风扇与炉头距离 25 厘米,热源室两边各设干燥房,高 200 厘米,长 122 厘米,宽 104 厘米,房内各安装 80 厘米×90 厘米的烘干筛 13~15 层,层距 13 厘米。干燥房顶设排湿口。产热室和两边的干燥房共用墙脚,开有热风口。用木柴或栽培食用菌后的废筒作燃料。这种脱水灶也可采用多个烘干房联合一体,以锅炉蒸汽作热源,通过管道把蒸汽输入各个烘干房,使湿菇脱水干燥。此设力求生产效率高,成本低,适合生产规模较大的地区使用。

(4)产品分级筛选机　出口的香菇产品必须按照菇体大小进行分级分等,常用白铁皮按规格大小钻成圆孔做分级筛,人工进行过筛。近年来福建省机械研究院农机所研制了两种香菇产品分级机,即平面震动分级机和滚筒式分级筛选机(彩图 39),机械分级筛选摆脱了手工操作,提高了工效;同时使菇体损伤少,品质提高,较为实用(咨询电话:0591-83357950)。

(5)产品切丝机　有 MT800 菇丝切削机(彩图 40),主要用于香菇丝加工,刀具装拆简便,用电机 1.1 千瓦,圆盘刀具经热处理,生产能力为 800 千克/时(4 人作业)。机械外形尺寸为 100 厘米×80 厘米×120 厘米,机重 100 千克。由福建省漳州兴业食用菌机械厂和漳州市黑宝食用菌机械厂生产。

(6)产品真空包装机　现香菇以保鲜或干品进入超市,需抽真空包装,以利于延长货架期。这里介绍山东诸城松本食品包装机械厂生产的 DZ-800/2S 真空包装机(彩图 41)。该机真空室为 90 厘米×78 厘米×19 厘米,封口尺寸为 800 毫米×10/2 毫米,包装能力为 90～360 次/时,电源用 380V/50Hz 4kW,外型 183 厘米×91 厘米×110 厘米(咨询电话:0536-6055718)。

(二)料袋灭菌设备

1. 高压杀菌锅

高压杀菌锅称高压蒸汽灭菌锅,用于菌种培养基的灭菌。常用的有手提式、立式和卧式高压灭菌锅。试管母种培养基由于制作量不大,适合用手提式高压灭菌锅,其消毒桶内径为 28 厘米、深 28 厘米,容积 18 升,蒸汽压强在 0.103 兆帕(1 千克/厘米^2)时,蒸汽温度可达 121℃。

原种和栽培种生产数量多,必须选用立式或卧式高压杀菌锅。其规格分为 1 次可容纳 750 毫升的菌种瓶 100 个、200 个、260 个、330 个不等。除安装有压力表、放气阀外,还有进水管、排水管等装置。卧式高压菌锅(彩图 32)其操作方便,热源用煤、柴均可。高压杀菌锅的杀菌原理是:水经加热产生蒸汽,在密闭状态下,饱和蒸汽的温度随压力的加大而升高,从而提高蒸汽对细菌及孢子的穿透力,在短期内可达到彻底灭菌的目的。因此,它是菌种厂必备的生产设备。

2. 蒸汽炉节能灭菌灶

这是由蒸汽炉和框架罩膜组成的常压灭菌灶。常见的蒸汽炉有浙江省庆元菇星节能机械公司生产的 CLSG 常压灭菌蒸汽炉(彩图 33),还有河南西峡生产的 CMQ-5 型常压蒸汽炉、辽宁朝阳市产的 WQS 常压热水锅炉。栽培者也可以利用油桶加工制成蒸汽发生器。这些灭菌设备出气量大,其热能利用率达 83％以上,比传统灭菌灶可节省燃料 60％多,具有节省燃料,操作方便的特点。每次灭菌装料量可多可少,多的

3 000～4 000袋,少的1 000袋,适于一般栽培户。灶体结构见图1-4。

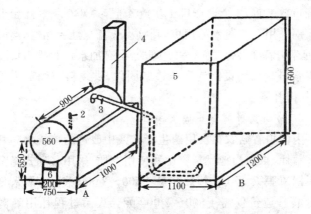

图1-4 蒸汽炉节能灭菌灶 (单位:毫米)

A. 蒸汽炉　　　　　　　B. 灭菌箱框

1. 油桶　2. 加水孔　3. 蒸汽管
4. 烟囱　5. 灭菌箱　6. 火门

3. 钢板锅大型灭菌灶

这是古田县近年来为大规模香菇生产设计的一种灭菌设备。用砖砌成长方型的灶台,装配钢板制成的平底锅。锅上安装8条木桩,料袋重叠装在离锅底20厘米的垫条上,然后罩上薄膜和篷布,1次可灭菌袋料6 000～10 000袋。其灶体规格不同,分别长280～350厘米,宽250～270厘米,高60～80厘米。灶体砌成半地下式,其中地平以下40～45厘米,地上20～35厘米,方便装卸料袋。灶台正面上半部为炉膛,长与灶体同,设2个燃烧口,宽40～43厘米,高55～60厘米,内装活动炉排;下半部为通风道口及清灰坑。灶台对面砖砌烟囱,高视灶体大小而定,一般高350～500厘米。烟囱内径下大上小,

下部 36 厘米×36 厘米至 60 厘米×80 厘米,上部 24 厘米×
45 厘米。燃料用木柴或蜂窝煤。蜂窝煤每铁框装 160 块,一个
燃烧口放 2 框,2 个燃烧口 1 次放 4 框,共 640 块。灶台上的
平底锅采用 0.4 厘米的钢板焊制成,长宽与灶台相等,高60~
70 厘米。锅口沿旁宽 12~15 厘米,设有加水口和排水口及水
位观察口。四周设钢钩和压边紧固件,供袋料装灶罩膜盖布
后,扎绳扎紧。

4. 移动式蜂窝煤罩膜灭菌灶

为四川省菇农在食用菌生产实践中改进的传统培养基固
定灭菌灶。根据当地燃料资源和使用方便,采用移动式蜂窝煤
钢板锅罩膜灭菌灶。每灶容量 1 500~3 000 袋(22 厘米×43
厘米袋),造价仅需 1 500~2 000 元。灭菌过程耗用蜂窝煤
200~300 块,成本 60~90 元,灭菌效果好,操作方便,因此很
快得到推广应用。其结构见图 1-5。

(1)**灶体构造** 用厚 3~5 毫米的钢板焊 1 个类似手扶式
拖拉机车箱体,箱体长 1.8~3.6 米,宽 1.6~2.4 米,高30~
40 厘米,箱体边台板宽 20~30 厘米,边台板与水平面呈 3°~
5°夹角,边台板下每隔 40~50 厘米,用钢筋焊撑柱若干个;灶
体正面设水位观察镜,水位观察镜下缘距灶底不低于 3 厘米;
灶体正面设进水阀 1 只,排污阀根据灶体大小可在灶四角各
设 1 只;灶体内缘每隔 50~60 厘米设钢筋立柱插孔若干个。

(2)**炉膛及煤车构造** 根据灶体大小,用钢筋焊制能装蜂
窝煤 200~500 块的(叠高 3~4 个)安铁轮子的能推拉式煤
车。炉膛向地下挖,膛底面硬化平滑,便于煤车推拉,炉膛外设
可调节进风量的插入式或平移式风门;灶体置于炉膛上,每隔
30~50 厘米设一段缝隙,便于煤烟逸出。

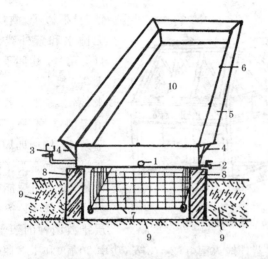

图 1-5 移动式蜂窝煤罩膜灭菌灶构造 （正面观）

1. 水位观察镜 2. 排污阀 3. 进水阀 4. 边台板撑柱

5. 边台板 6. 立柱插孔 7. 蜂窝煤车 8. 砖石柱(支撑灶体) 9. 地剖面

10. 灶箱体长 2.4 米，宽 1.8 米，高 30 厘米，边台板宽 25 厘米

（三）无菌操作设备

1. 接 种 箱

接种箱又名无菌箱，用于菌种分离和菌种扩大移接，无菌操作。箱体采用木材框架，四周木板，正面镶玻璃，具有密封性，便于药物消毒，防止接种时杂菌侵入。接种箱的正面开两个圆形洞口，装上布袖套，便于双手伸入箱内进行操作。箱顶安装 1 盏紫外线灭菌灯，箱内可用气雾消毒盒或福尔马林和高锰酸钾混合熏蒸消毒。接种箱见图 1-6。

2. 无 菌 室

无菌室是分离菌种和接种专用的无菌操作室，又称接种室。无菌室要求密闭，空气静止；经常消毒，保持无菌状态。室内设有接种超净菌操作台、接种箱，备有解剖刀、接菌铲、接菌

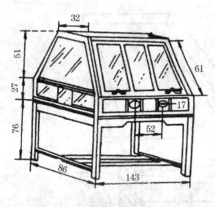

图 1-6　接种箱 （单位：厘米）

针、长柄镊子、酒精灯、无菌水和紫外线杀菌灯等用具。房间不宜过大，一般长 4 米，宽 3 米，高 2.5 米。若过大消毒困难，不易保持无菌条件。墙壁四周用石灰粉刷，地面要平整光滑，门窗关闭后能与外界隔离。室内必备 4～5 层排放菌种的架子，安装 1～2 盏紫外线灭菌灯（2 573 安，功率 30 瓦）和 1 盏照明日光灯。接种室外面设有一间缓冲间，面积为 2 平方米。同时，安装有 1 盏紫外线灭菌灯和更衣架。

3. 超净工作台

超净工作台主要用于接种，又称净化操作台，是一种局部流层装置（平行流或垂流），能在局部形成高洁净度的环境。它利用过滤的原理灭菌，将空气经过装置在超净工作台内的预过滤器及高效过滤器除尘。洁净后再以层流状态通过操作区，加之上部狭缝中喷送出的高速气流所形成的空气幕，保护操作区不受外界空气的影响，使操作区呈无菌状态。净化台要求装置在清洁的房间内，并安装紫外线灯。操作方法简单，只要接通电源，按下通风键钮，同时开启紫外线灯约 30 分钟即可。接种时，把紫外线灯关掉。

第二章　香菇安全优质高效栽培新技术

一、香菇野外露地栽培高产技术

香菇野外露地袋栽,首创于 1981 年福建省古田县,简称"袋栽香菇"。它取代了几百年来的传统高耗材、低收效的段木栽培法,成为我国香菇栽培技术上的一次重大突破。被誉为"古田模式"的香菇栽培新技术(彩图 5)。其生产线路见图 2-1。

近年来各地产区在栽培季节,品种选择,菇棚畦床,出菇管理,采收加工等方面又有新的发展,全面提升了香菇产品质量,达到高产高效的目的。其具体技术介绍如下。

(一)生产季节安排

1. 顺应种性特征

香菇栽培季节,是以其生理特征为依据。总体而言香菇属于中低温型的菌类,其菌丝生长耐低温,不耐高温,5℃~32℃均可,以 25℃~27℃为最佳。超过 34℃菌丝停止生长,颜色变黄;36℃时菌丝生长受挫,颜色变红;40℃以上则死亡。子实体生长温度 5℃~25℃均可,原基分化、子实体形成的最适温度为 15℃±1℃~2℃。香菇品种温型不同,子实体分化发育的温度范围也有差别:高温菌株为 15℃~25℃;中温菌株为 10℃~22℃;低温菌株为 5℃~18℃。尽管各菌株之间的温型不同,但它们出菇中心温度"交接"点均以 15℃左右为最适,而且香菇属于变温结实性菇类。

2. 划分秋春两制

袋栽香菇分为秋栽与春栽两季。秋栽,即立秋过后,8~9月接种,经室内养菌 60~80 天后进入长菇期,此时气温由高转低,且秋冬昼夜温差较大,有利于长菇;春栽 2~4 月接种,菌袋度夏养菌 160~200 天,秋季始菇。

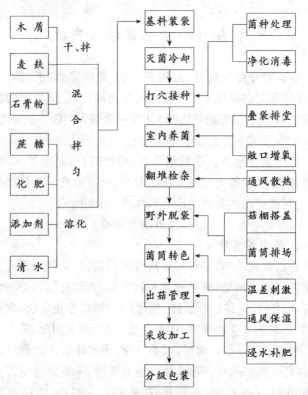

图 2-1　香菇野外露地袋栽生产线路

3. 区别海拔高低

我国地形结构复杂,海拔高低气温差异甚大。因此,香菇栽培季节必须按照当地海拔而定。为了更好地掌握栽培季节，下面分3个梯度介绍。

(1)低海拔地区　300米以下低海拔地区宜秋栽，接种期在白露后至寒露前，即9月中旬开始至10月初结束。经2个月菌丝培育，到11月中旬后秋菇登场；冬季无霜，冬菇照常生长，至翌年5月前生产周期结束。

(2)中海拔地区　海拔300～500米的地区，无霜期长，宜秋栽，在处暑后至秋分前接种，即8月下旬至9月中旬接种，到11～12月大量长秋菇；冬季最低月平均气温7℃～8℃，照常长菇；至翌年3月后平均气温可达13℃～15℃，春菇盛发；夏季气温高，生产周期结束。中海拔地区不宜春栽。

(3)高海拔地区　分为500～700米和700米以上两个层次，秋栽春栽两相宜。前者为中寒地区，立秋过后气温逐渐下降，秋栽早熟品种，一般8月中下旬可以接种，平均气温25℃～26℃，最迟不超过9月上旬。700米以上的高寒山区，夏季大小暑，月平均气温不超过25℃，可安排5～6月接种，7～8月份发菌。春栽晚熟品种宜于2～4月份接种，菌袋度夏培养，无论是秋栽还是春栽，到9～11月长秋菇；冬季最低月平均气温在0℃以下，保菌越冬；翌年春暖花开，直到夏季，大量出菇。

4. 种菇按节气计月

香菇生产的时间是以公历月份计算。因为二十四节气是按地球围绕太阳公转的周期划分的，四季气温取决于节气变化。而农历月份是以月球围绕地球转期计月，每三年之间月份相差1个月左右，相当于两个节气；而公历节气每年只有1～2天差别。所以只有按照公历月份，才能精确预计香菇生产的气温变化规律，准确安排种菇计划。

(二)当家品种选择

要获得香菇优质高产,先要选准当家品种。引种时要根据市场需要和当地海拔、气候和栽培季节,综合考虑确定主栽品种。野外露地脱袋竖筒秋栽和春栽适用的品种介绍于下。

1. 秋栽适用品种

(1)中温型菌株 秋冬春出菇(10~12 月、2~5 月),菌龄 60~70 天,出菇温度一般为 9℃~25℃,适于海拔 300~500 米地区栽培。重点主栽品种特征:

①L-26 福建省三明真菌研究所选育。朵大中,外形美观,肉肥厚,菌盖深褐色或棕褐色,少有鳞片和纤毛;朵形圆整,柄细短(彩图 4-3)。出菇中心温度 10℃~24℃,秋冬菇产量占 20%~30%;春季菇潮猛,品质好,产量高,是现行速生高产优质栽培最为理想的菌株。

②Cr-66 福建省三明真菌研究所选育。朵大,圆整美观,肉质紧实;菌盖茶褐色至深褐色,菌柄位正、中粗(彩图 4-2),适应性较强,种性稳定。出菇中心温度 9℃~23℃,菌龄 65~70 天,秋春出菇量多,产量高。

③Cr-62 福建省三明真菌研究所选育。中朵,肉质厚度中等,柄细短;菌盖黄褐色至茶褐色(彩图 4-6)。适应性较强,出菇中心温度 9℃~23℃,菌龄 65~70 天,秋春出菇。

(2)中温偏低型菌株 秋冬春出菇(10~12 月、2~5 月),菌龄 60 天左右,出菇中心温度 8℃~22℃,适于海拔 500~700 米地区栽培。

①L-856 三明食品工业研究所选育。中朵,单生或丛生,菌丝浓密,适应性强,菌盖茶褐色至黄褐色,肉质肥厚,柄正、细短(彩图 4-5)。出菇中心温度 8℃~22℃,成批长菇,脱袋后边转色边出菇,转潮快,产量高而稳。

②9018(8517)　上海农业局菌种站定向选育。中叶种,丛生,菇形圆整,柄细短,菌盖深褐色,鳞片明显。出菇中心温度12℃～18℃,秋冬春出菇,转潮快,产量高。

③Cr-02　三明真菌研究所选育。中朵丛生,菌肉中厚,盖黄褐色至茶褐色,鳞片明显(彩图4-7)。出菇中心温度8℃～22℃,菌龄55～60天。一般脱袋就出菇,头潮菇多为畸形,转潮快;后期朵小,肉薄,色淡。

④L-9612　大叶种,菌肉肥厚,菌盖茶褐色至深褐色,菌褶较疏,柄短而细,产量高而稳,菌龄60天左右,出菇中心温度12℃～22℃,菌丝不够成熟时过早脱袋,畸形菇较多,秋春季出菇量最多。

(3)低温型菌株　秋冬春出菇(10～12月,2～5月),菌龄60天左右,出菇中心温度5℃～18℃。适于海拔500米以上岖和北方省区栽培。

①Le-13　山西省原平农校微生物室选育。中朵种,菇形圆整,肉厚,盖褐色,柄粗短;生活力强,产量稳定。出菇中心温度8℃～18℃,转潮快,秋冬春出菇。

②9101　吉林农业大学农学系真菌研究所选育。大中种,单生,朵大肉厚,质硬,褐色,抗污力强。出菇中心温度7℃～18℃。适于北方高寒地区袋料栽培,也适于段木栽培。

③N-06　山东省曲阜师范大学生物系选育。中叶种,朵中大,肉质中厚,菌盖褐色,抗杂菌能力强。秋春出菇,出菇中心温度8℃～20℃,产量中等。

(4)中温偏高型菌株　春秋出菇(10～12月,2～5月)菌龄70～80天,出菇中心温度10℃～23℃,有的高达26℃,适于300米以下地区栽培。

①苏香1号　江苏省农科院微生物研究所选育。单生,朵

形中大,菌盖茶褐色或深褐色,柄中粗较短,菇质好,抗逆力强。出菇中心温度10℃～25℃,春夏长菇,产菇量多,产量高。

②厦亚1号　福建省亚热带植物研究所选育。大朵型,朵圆整,肥厚,颜色深褐,抗逆力强。出菇中心温度10℃～25℃,秋春出菇。

③Cr-04　福建省三明真菌研究所选育。朵大,形圆整,菌盖肥厚,内卷,盖正中突起形成草帽状,茶褐色;柄中粗(彩图3-1),品质优良,抗逆力强。菌龄70～80天,出菇中心温度10℃～23℃,春秋出菇,菇潮集中,产量高,为低海拔地区夏季出菇的理想菌株。

④武香1号　浙江武义食用菌研究所选育。大朵型,菌肉肥厚,菌盖色较深,柄中粗,稍长。在28℃的高温条件下能大量出菇,出菇中心温度10℃～25℃,菌龄70天左右,适宜的接种期为3～4月,出菇期5～11月。其抗逆性强,一般地区可作为夏季出菇的首选品种。

(5)高温型菌株　夏秋出菇(10～11月,3～6月),菌龄65～80天,出菇中心温度为10℃～25℃,也有14℃～28℃的,适于300米以下低海拔地区栽培。

①8500　福建省农科院土肥所选育。单生,朵大肉厚,柄粗,菌盖深褐色。出菇中心温度13℃～26℃,产量高,单菇鲜重250克左右,含水率低,折干率高。冬季长菇量少,有畸形菇出现。

②广香47　广东省农科院微生物研究所选育。单生,大朵厚肉,菌盖黄褐色,出菇中心温度14℃～28℃,多在5～6月、9～10月出菇。冬季长菇量极少,且畸形。

③8001　上海市农科院食用菌研究所选育。单生,朵中大,肉质肥厚,茶褐色或深褐色,柄粗、正中,出菇中心温度14℃～26℃,集中于夏秋季出菇,冬长畸形菇。

2. 春栽适用品种

秋冬出菇(9～12月,2～3月),菌龄6～7个月。出菇中心温度6℃～22℃,适于海拔500米以上地区栽培。

(1)241-4 闽北、浙南菇区主栽品种。中温偏低型迟熟菌株,大朵种,朵形圆整,菌盖直径6～10厘米,菌肉厚度1.8～2.2厘米,菌柄短而细,品质优,国外称为"仿生菇"(彩图4-4)。菌丝生理成熟时间较长,菌龄180～200天,栽培季节弹性较大,高山区1～3月接种,是全国第一个被大面积推广应用的迟熟品种,管理容易,产量高。

(2)9015 中温偏低型菌株,大朵种,朵形圆整,肉厚,产量高,菌盖直径4～14厘米,菌柄长3.5～5.5厘米,不易开膜。出菇中心温度8℃～22℃,接种期的弹性较大,3～8月之间均可,9月下旬至翌年5月出菇。菌筒转色宜稍深稍厚,利用震动拍打法催蕾具有良好的效果。

3. 引种注意事项

上述菌株特征分为低温、中温、高温3种温型,5个档次。栽培地区海拔高低不同,气温差别较大。低海拔地区应以中高温型菌株较适宜,如果误引中低温型菌株,势必造成出菇过早,朵小,产量低,效益差。广东省四会县属于南方低海拔地区,有一个栽培场引用856中温偏低菌株,结果菌筒尽长仅有2厘米的小菇,且开伞快,菇薄。高海拔山区按常规栽培秋季接种,宜引用中温偏低型的菌株较理想,如果误引中高温型菌株,秋冬气温低,难以出菇,即使采用人工催菇,也是畸形菇。翌年春虽气温较高,但越冬时间长,菌筒养分已消耗殆尽,产量也达不到要求。低海拔地区如果是反季节栽培,则需选中温偏高型菌株,春夏季长菇。总之,菌株的选择必须把当地的海拔、气候、接种期三者紧密结合起来,并按照市场需要,合理安排生产。

(三)培养料配制

1. 培养料配方　现介绍10大类25种培养基配方,供各地在生产中因地制宜、就地取材选用。

(1)木屑培养料配方

配方1　杂木屑76%,麦麸18%,玉米粉2%,石膏粉2%,蔗糖1.2%,过磷酸钙0.5%,尿素0.3%。

料与水之比为1:1.25,氢离子浓度在灭菌前为316.3~1 000纳摩/升(pH值6~6.5),以下同。

配方2　杂木屑76%,米糠15%,麦麸5%,石膏粉2%,蔗糖1.2%,过磷酸钙0.8%。料与水之比为1:1.22~1.27。

配方3　杂木屑77%,麦麸20%,豆粉1%,蔗糖1%,碳酸钙1%。料与水之比1:1.25。

配方4　杂木屑78%,麦麸20%,蔗糖1%,石膏粉1%。料与水之比为1:1.25。

配方5　桑木屑76%,米糠18%,玉米粉2%,石膏粉2%,蔗糖1.2%,过磷酸钙0.8%。料与水之比为1:1.25~1.3。

(2)棉籽壳培养料配方

配方1　棉籽壳76%,麦麸20%,蔗糖1%,过磷酸钙1.5%,石膏粉1.5%。料与水之比为1:1.30。

配方2　棉籽壳40%,杂木屑35%,麦麸20%,玉米粉2%,石膏粉2%,蔗糖1%。料与水之比为1:1.22~1.27。

配方3　棉籽壳62%,杂木屑18%,豆粉2%,麦麸16%,石膏粉1%,蔗糖1%。料与水之比为1:1.25~1.27。

棉籽壳应先与清水拌合,使纤维粘实,然后把麦麸等辅料混入拌匀,有利于装袋。棉籽壳发酵后温度高,因此,接种栽培季节不宜过早,以免高温使菇种受害。

（3）甘蔗渣培养料配方

配方1 甘蔗渣76%,米糠20%,石膏粉2%,磷酸二氢钾0.3%,尿素0.3%,过磷酸钙1.4%。料与水之比为1：1.3~1.35。

配方2 甘蔗渣40%,杂木屑37%,麦麸17%,豆粉3%,石膏粉2%,过磷酸钙1%。料与水之比为1：1.25~1.3。

配方3 甘蔗渣77%,麦麸20%,石膏粉1.4%,蔗糖1%,磷酸二氢钾0.2%,硫酸镁0.1%,尿素0.2%,鞣酸0.1%。料与水之比为1：1.3~1.35。

甘蔗渣比较泡松,最好配合部分杂木屑,并配合米糠,营养更丰富,长菇后劲好。

（4）野草培养料配方

配方1 芒萁38%,五节芒38.5%,麦麸20%,蔗糖1.5%,石膏粉2%。料与水之比为1：1.3。

配方2 芒萁20.7%,类芦20.7%,斑茅20.7%,芦苇20.7%,麦麸15%,石膏粉1.2%,蔗糖1%。料与水之比为1：1.3~1.35。

配方3 类芦63%,杂木屑20%,麦麸15%,石膏粉1%,蔗糖1%。料与水之比为1：1.3。

野草粉碎后比较泡松,尤其五节芒,类芦、斑茅、芦苇等,吸水性强,芒萁吸水性差些,加水搅拌时,必须混合拌匀。

（5）砻糠培养料配方

配方1 砻糠40%,杂木屑33%,麦麸20%,豆粉2%,蔗糖1.7%,石膏粉2%,过磷酸钙1%,尿素0.3%。料与水之比为1：1.25~1.35。

配方2 砻糠38%,棉籽壳38%,麦麸20%,蔗糖1.5%,

石膏粉1.5%,过磷酸钙1%。料与水之比为1：1.25～1.35。

砻糠即谷壳,应加工成1毫米左右的颗粒状,不宜粉碎成细末,因为太细则透气性差,不利于菌丝生长。砻糠营养成分较差,所以,应配合棉籽壳、杂木屑,并配足麦麸,可作为中试应用。

(6)玉米芯培养料配方

配方1　玉米芯50%,杂木屑26%,麦麸20%,蔗糖1.3%,硫酸镁0.5%,尿素0.2%,石膏粉2%。料与水之比为1：1.25～1.33。

配方2　玉米芯50%,棉籽壳30%,麦麸15%,豆粉2%,蔗糖1.5%,石膏粉1.5%。料与水之比为1：1.25～1.33。

玉米芯粉碎时不宜太细,因为料加水后会粘结成团,透气性不好,所以加工成颗粒状为宜。

(7)花生壳培养料配方

配方1　花生壳50%,杂木屑25%,麦麸20%,蔗糖1.3%,玉米粉2%,石膏粉1%,硫酸镁0.4%,尿素0.3%。料与水之比为1：1.25。

配方2　花生壳46%,豆秸20%,杂木屑10%,米糠20%,蔗糖1.4%,石膏粉2%,过磷酸钙0.6%。料与水之比为1：1.25。

花生壳加工时,应粉碎成颗粒状,使之疏松透气,培养基在灭菌时蒸汽容易渗透。此两例配方供中试应用。

(8)葵花籽壳(秆)培养料配方

配方1　葵花籽壳58%,杂木屑16%,麦麸20%,豆粉2.5%,蔗糖1.2%,石膏粉2%,磷酸二氢钾0.3%。料与水之比为1：1.2～1.25。

配方2　葵花秆50%,棉籽壳26%,麦麸20%,蔗糖1%,

石膏粉 2%,过磷酸钙 1%。料与水之比为 1.25～1.3。

葵花籽壳或秆应粉碎成木屑状,以便与其他辅料混合拌匀。

(9)木薯秆培养料配方

配方 1　木薯秆 60%,杂木屑 15%,豆粉 1%,米糠 20%,蔗糖 1.2%,石膏粉 1.5%,过磷酸钙 1%,尿素 0.3%。料与水之比为 1∶1.25～1.3。

配方 2　木薯秆 77%,麦麸 20%,蔗糖 1%,石膏粉 2%。料与水之比为 1∶1.25～1.35。

(10)稻草培养料配方

配方 1　稻草 40%,杂木屑 35%,麦麸 20%,玉米粉 1.5%,石膏粉 1%,蔗糖 1.2%,过磷酸钙 0.7%,尿素 0.3%,磷酸二氢钾 0.3%。料与水之比为 1∶1.3～1.35。

配方 2　稻草 50%,棉籽壳 15%,杂木屑 12%,米糠 20%,蔗糖 1%,石膏粉 1.8%,柠檬酸 0.1%,磷酸二氢钾 0.1%。料与水之比为 1∶1.3～1.4。

稻草要求用晚稻秆,新鲜、晒干、无霉变。使用时将稻草铡成 1～2 厘米长小段,并进行软化处理(即将稻草置于清水中浸泡 20 分钟,使碱性物质分解,并用清水冲洗 1 遍除碱),然后与其他辅料混合。使用稻草作原料时,还应配合部分杂木屑或棉籽壳,可作中试或小试应用。

上述配方中,料与水之比与培养基含水量百分比的关系详见表 2-1,供在生产中参考。

表 2-1　培养基含水量与料水比例一览表

含水量（％）	料水比	含水量（％）	料水比	含水量（％）	料水比
50	1：1	57	1：1.326	64	1：1.777
51	1：1.04	58	1：1.381	65	1：1.857
52	1：1.083	59	1：1.439	66	1：1.941
53	1：1.129	60	1：1.50	67	1：2.03
54	1：1.174	61	1：1.564	68	1：2.125
55	1：1.222	62	1：1.632	69	1：2.226
56	1：1.272	63	1：1.703	70	1：2.333

2. 配制方法与测定

按照选定的培养基配方中的原料种类和比例,称取原料、辅料和清水,混合搅拌,配制成培养基,具体做法与要求如下。

(1)场地与时间的选择　以水泥地和木板坪为好。泥土地因含有土沙,加水后泥土溶化会混入料中,不宜采用。选好场地后进行清洗并清理四周环境。配制时间以晴天或阴天的上午或晚上较为理想。

(2)配制方法　分为 3 步:过筛、混合、搅拌。

① 过筛　先把木屑、麦麸等主要原料、辅料,分别用 2～3 目的竹筛或铁丝筛过筛,剔除小木片、小枝条及其他有棱角的硬物,以防装料时刺破塑料袋。

② 混合　先将木屑、麦麸、石膏粉搅拌均匀,然后把可溶性的添加物,如蔗糖、尿素、过磷酸钙、硫酸镁、磷酸二氢钾等溶于水中,再加入干料中混合。

③ 搅拌　先把混合的原料、辅料从摊开,做成中间凹陷周围高的料堆。再把清水倒入凹陷处,用锄头或锨把凹陷处逐步向四周扩大,使水分逐渐渗透,并再次将料堆摊开,按此法反复搅拌 3～4 次,使水分被均匀吸收,然后用竹筛或铁丝筛过筛,打散结团的料。过筛时应边洒水,边整堆,防止水分蒸发。

（3）含水率和酸碱度测定　搅拌后的培养基,要进行两个项目的测定。

①含水率测定　培养基含水量以55％～57％为合适。含水量偏低,菌丝生长缓慢、纤弱;含水量偏高,料温随之上升,易酸败,引起杂菌繁殖;含水量超过65％,菌丝生长受阻。

培养料含水率计算公式:

$$干物质＋水＝培养料总量$$

$$\frac{水量}{培养料总量}＝含水率（％）$$

实例:杂木屑培养基配方,料与水之比为1∶1.25,即干物质100千克＋水125千克＝培养料总量225千克,水量125千克÷培养料总量225千克＝含水率55.6％（干物质指配方中的杂木屑、麦麸、石膏粉等,要求符合标准干度）。

测定水分可采用上海仪表仪器厂研制的SYS-1型水分测定仪检测。农村常用感观测定,即手握紧培养料,指缝间有水溢出,但不下滴,伸开手掌,料在掌中能成团,掷进料堆四分五裂,落地即散,其含水量一般为55％左右。若料在掌中成团张手即裂,掷进料堆即散,表明太干;若手握料指缝间水珠成串下滴,掷进料堆不散,表明太湿。经检测,如果水分不足,加水调节;若水分偏高,不宜加干料,以免配方比例失调,只要把料摊开,让水分蒸发至适度即可。

②酸碱度测定　香菇培养基pH值以5.5～6为宜。测定方法:称取5克培养料,加入10毫升中性水,用石蕊纸蘸澄清液即可测出酸碱度。也可取广谱试纸一小段,插入培养基中1分钟后,取出对照标准版比色,从而查出相应的pH值,有条件的可用酸度计进行精确测定。

经过测定,如培养基偏酸,可加4％氢氧化钠溶液进行调节;若呈碱性反应,可加入3‰盐酸溶液中和,直至适度为止。在生产实际中,为防止培养料酸性增加,多用适量石灰水调节。

3.配料时要把好"四个关键"

在培养基配制中,应注意以下"四个关键"。

(1)调水要掌握"四多四少" 调水必须灵活掌握,一般而言应注意"四多四少"。即:一是基质颗粒偏细或偏干的,吸收性强,水分宜多些;基质颗粒硬或偏湿的,吸水性差,水分应少些。二是晴天水分蒸发量大,水分应偏多些;阴天空气湿度大,水分不易蒸发,则偏少些。三是拌料场所是水泥地的因其吸水性强,水分宜多些。木板地吸水性差,水分宜调少些。四是海拔高和秋季干燥天气,用水量略多;气温30℃以下配料时,含水量应略少些。

(2)拌料力求均匀 配料时要求做到"三均匀",即原料与辅料混合均匀,干湿搅拌均匀,酸碱度均匀。

(3)操作速度要快 常因拌料时间延长,培养料发生酸变,接种后菌袋成品率不高。因此,当干物质加入水分后,从搅拌至装袋开始,其时间不要超过2小时,做到搅拌分秒必争,当天拌料,及时装袋灭菌,避免基质酸变。

(4)要减少杂菌污染 原料要求足干,无霉变,在配制前置于烈日下曝晒1~2天。拌料选择晴天上午气温低时开始,争取上午10点前拌料结束,转入装料灭菌。

(四)培养料装袋灭菌

1.装 袋

培养料配制后立即转入装袋工序。装料量:15厘米×55厘米规格的栽培袋,一般每袋装干料0.9~1千克,湿重2.1~2.3千克。装袋方法有二:一是机械装袋,二是手工装袋。

(1)装袋机装料 装袋机每小时可装800袋,操作熟练的可达 800 袋以上。每台机器配备 7 人为一组。其中添料 1 人，套袋装料 1 人，传袋 1 人，捆扎袋口 4 人，男女均可。具体操作方法如下：

① 装料　先将薄膜袋未封口的一端张开，整袋套进装袋机出料口的套筒上，双手紧托。当料从套筒源源输入袋内时，右手撑住袋头往内紧压，形成内外互相挤压，料入袋内更坚实。此时左手托住料袋顺其自然后退（彩图 27-1）。当填料接近袋口 6 厘米处时，料袋即可取出竖立，并传给下一道捆扎袋口工序。

② 扎口　采用棉纱线或塑料编织带捆扎袋口。操作时，按装量先增减袋内培养料，使之足量。然后清理袋口剩余 6 厘米薄膜内的空间，扫掉沾粘的木屑，纱线捆扎袋口 3～4 圈后，再反折过来又扎 3 圈，袋头即密封（彩图 27-2）。机装速度极快，如果扎口工来不及扎口，袋子填料后，应捏紧袋口薄膜反折过来，把料袋倒置于操作场上，以防"爬料"。

③ 检修调整装袋机　使用装袋机时，根据装袋需要，更换相应的搅龙和搅龙套；检查机件各个部位的螺栓是否拧紧，传动带是否灵活。然后按开关接通电源，装入培养料试机，搅龙转速为 650 转/分。生产过程若发现料斗内物料架空时，应及时拨动料斗，但不得用手直接伸入料斗内拨动，以免轧伤手指。

（2）手工装料　手工装料大多安排女工操作。装料方法是，把薄膜袋口张开，用手一把一把地把料塞进袋内。当装料达 1/3 时，把袋料提起，在地面小心振动几下，让料落实，再用大小相应的木棒（或啤酒瓶）将袋内料压实，装至满袋时用手在袋面旋转下压或在袋口拳击数下，使袋料紧实无空隙，然后再填充至足量，袋头留薄膜 6 厘米，转入扎口，方法同机装。操作熟练的女工，每人每小时能装 70 袋。

（3）五点要求

① 松紧适中　培养料标准的松紧度：应以成年人手抓料袋，五指用中等力捏住，袋面呈微凹指印，有木棒状感觉为妥。如果手抓料袋而两头略垂，料有断裂痕，表明太松。

② 不超时限　装袋要抢时间，从开始到结束，时间不超过 3 小时。无论是机装或是手工装，应安排好人手。

③ 扎牢袋口　抓紧捆扎袋口，要求捆扎牢固、不漏气，防止灭菌时袋料受热后膨胀，气压冲散扎头，袋口不密封，杂菌从袋口进入。

④ 轻取轻放　装料和搬运过程均要轻取轻放，不可硬拉乱摔，以免破裂料袋。

⑤ 日料日清　培养料的配装量要与灭菌设备的吞吐量相衔接，做到当日配料，当日装完，当日灭菌。

培养料经过装袋后即成为营养袋，简称料袋。

2. 灭　菌

香菇培养料的灭菌，多采用常压高温灭菌法，可达到杀灭有害微生物的预期目的。灭菌必须注意以下 5 点。

（1）及时进灶　培养料营养丰富，装入袋内容易发热，如未及时转入灭菌，酵母、细菌加速增殖，将基质分解，导致酸败。因此，装料后要立即进灶灭菌。

（2）合理叠袋　培养料进灶的叠袋方式，应采取一行接一行，自下而上重叠排放，上下袋形成直线；前后袋的中间要留空间，使气流自下而上流通，仓内蒸汽能均匀运行。大型罩膜灭菌灶，1 次容量 3 000 袋以上的，其叠袋方式可采取四面转角处横直交叉重叠，中间与内腹直线重叠，上下层倾斜，防止倒塌（彩图 27-3）。但内面要留一定的空间，让气流正常流动。叠好袋后罩紧薄膜，外加麻袋，然后用绳索缚扎于灶台的钢钩上,四周捆牢,上面压木板加石头,以防蒸汽压力把罩膜冲飞(彩图27-4)。

(3)温度指标 料袋进蒸仓后,立即旺火猛攻,使温度在5小时内迅速上升到100℃,保持16~18小时,中途不停火,不掺冷水,不降温,使之持续灭菌,防止"大头、小尾、中间松"的现象。大型罩膜灭菌灶由于气体膨胀,膜内升温较快,从点火至100℃不到2小时。但因容量大,所以上升到100℃后应保持20~22小时,也就是一昼夜左右,才能达到彻底灭菌的目的。

(4)认真观察 在灭菌过程中应随时用棒形温度计插入温度观察口内,观察温度。如果温度不足应加大火力,确保温度持续保持100℃不降温。锅台边安装一个水位观察口,锅内有水,热水从口中流出;若从口处喷出蒸汽,表明锅水已干,应及时补充热水,防止干锅。

(5)卸袋搬运 达到灭菌要求后,转入卸袋工序。卸袋前先把蒸仓门板螺丝拧松,把门扇稍向外拉,形成缝隙,让蒸汽徐徐逸出,待仓内温度降至60℃以下时,方可趁热卸袋。如发现袋头扎口松散或袋面出现裂痕,随手用纱线扎牢袋头,胶布贴封裂口。卸下的料袋用板车或拖拉机运进冷却室内,车板上要铺麻袋,上面盖薄膜,防止刺破料袋和雨水淋浇。

3. 冷 却

灭菌后的培养袋及时搬进冷却室内,按井字形4袋交叉排叠,让袋温发散冷却,待袋内温度下降到28℃时方可转入接种工序。冷却时间通常需24小时,直至手摸料袋无热感。检测方法是用棒形温度计插入袋料中观察温度,如料温超过28℃应继续冷却至达标。

(五)打穴接种

1. 接种前消毒

选用普通房间作接种室,为达到无菌条件,工作间必须清洗、干燥,严格消毒,净化环境;也可在消毒后的室内,用宽幅薄膜围罩成"蚊帐式"的无菌间。要求在接种前做到"两次消毒",即空房先消毒,料袋进房后再消毒。常用消毒方法有如下几种,可任选一种。

(1)喷洒法 在室内喷洒1~2次等量式500倍波尔多液和1%的漂白粉溶液杀菌;然后再用5%石炭酸两次喷雾墙壁、空间和地面,密闭1小时后再启用。

(2)熏蒸法 按15平方米的房间,用甲醛500毫升加入300克高锰酸钾混合盛于碗中,产生气体消毒;也可采用硫黄熏蒸法,先将室内喷湿,然后在盆中点燃炭火,投入硫黄,产生二氧化硫,熏蒸消毒12~20小时。

(3)气雾法 采用气雾消毒盒,每立方米用量4~6克。每盒50克,15平方米的房间使用2盒。使用时用火柴或烟头火点燃,即喷出白色烟雾,密闭30分钟以上可达灭菌的目的。

(4)照射法 用紫外线灯照射消毒,每次接种前将各种器具移入室内。一般每40立方米的接种室需用2盏30瓦紫外线灯,照射2小时后才能达到消毒杀菌的要求。紫外线照射时,人员要离开室内,以防眼角膜、视网膜受伤。紫外线对杀灭细菌较可靠,对霉菌可靠性较差。

第一次空房消毒时,应在接种前24小时进行,消毒方法宜用药物喷洒法或熏蒸法。而在料袋进房再次消毒时,应在接种前1小时进行,消毒方法不宜采用水剂药物喷洒法,防止增加湿度,可采用气雾消毒盒、紫外线照射消毒,其用量和方法与第一次消毒相同。

2. 菌种预处理

菌种应事先拔掉瓶口棉塞,再用塑料薄膜包裹瓶口,然后搬入接种箱内,再用接种铲伸入菌种瓶内,把表层老化菌膜挖出。如发现有白色纽结团的原基也要镊出,并用棉球蘸 75%酒精,擦净菌瓶内壁四周木屑等。然后包好瓶口,再搬进接种室内,连同袋栽培养料及工具一起进行第二次消毒,即料袋进房后的再消毒。

3. 打穴接种注意事项

接种时应注意以下几点。

(1)选择时间 选择晴天午夜或清晨接种。此时气温低,杂菌处于休眠状态,有利于提高菌袋接种的成品率。雨天空气湿度大,容易感染霉菌,因此不宜进行菌种接种。

(2)袋面消毒 用 75%酒精,配 50%多菌灵,按 10∶0.5的比例混合成药液,或采用绿霉净对酒精制成药液。用纱布蘸药液在培养料袋面迅速擦洗一遍,起到消毒和清洗残留物的作用。

(3)打穴封口 培养料袋面打接种穴(彩图 27-5),胶布贴封穴口(彩图 27-6)。这一工序各地有 3 种不同的操作方式:一是先打穴封口,后灭菌,再接种;二是先灭菌,后打穴封口,再接种;三是边打穴、边接种、边封口。实践中证明,香菇培养料灭菌时间长达 16~18 小时,甚至更长一些,如果采取第一种方式,料袋一经长时间的高温灭菌,常会发生胶布受热氧化翘起,或胶布在灶内受湿吸潮而脱落,这样就容易引起杂菌污染。因此,大多数地区采取第二、三两种方式。

打穴封口操作方法是采用木条制成尖形打穴钻,在料袋的正面,按等距离打 2~3 个接种穴,再翻一面错开对面孔穴位置打 2 个接种穴,穴口直径 1.5 厘米、深 2 厘米,然后把事先剪成 3.25 厘米×3.25 厘米的小方块专用胶布贴封穴口。

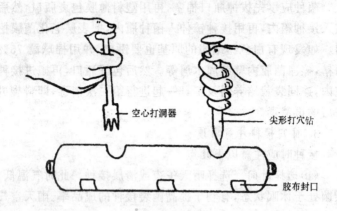

空心打洞器
尖形打穴钻
胶布封口

图 2-2　打穴接种封口

（4）接种方法　根据不同的栽培菌种,采用不同的方法。

① 木屑菌种接种法　接种时先揭开菌种瓶上的塑料薄膜,用接种器往瓶内提取木屑菌种,迅速地通过酒精灯火焰区,对准料袋的接种穴,把菌种接入穴内。尽量接满穴口,最好菌种略高出料面 1～2 毫米。继之顺手用毛刷把散落在穴口四周的木屑扫净,再把胶布封口顺手下压,使之粘贴于穴口四周的薄膜上即可,这样可减少杂菌污染。在接完一面穴口后,把料袋反转到另一面,仍依照此法接种、封口(图 2-2)。一般 750毫升菌瓶的菌种,可接种 20～25 袋。一批料袋接完,再换第二批料袋,待全部接完后,一起搬出置于培养室内排堂养菌。

目前有些地区,接种穴口不贴胶布,这种做法虽然也可以,但一定要加大接种量,使穴口填满,且略高出 1～2 毫米,并稍压紧,使菌种在穴口形成"钉头状"密封。也有的产区采用蜡液封口,但要注意蜡液温度不宜过高,以免烫伤菌种。

②枝条菌种接种法　竹木签菌种条长10厘米,接种时取一条12厘米长,直径0.8厘米的不锈钢条或铁条,一端磨尖,并经消毒。在料袋打洞处一端,用75％酒精棉球擦拭消毒,将钢条向料袋打洞处斜插进去,形成一个接种洞,然后把竹木签菌种从瓶(袋)中取出,插入洞内至洞口平,用小方块胶布封口。每袋扦插3～4条。麻秆条菌种长只有3厘米,因此,其接种洞比竹木签菌种浅,只需打4厘米深,接种正面插3条,反面插2条即可。

③塑料钉菌种接种法　将料袋表面用75％酒精擦拭后,把塑料钉菌种从菌种瓶中取出,放入经消毒的搪瓷盆中,手上套无菌指套,取塑料钉菌种,在袋面按等距离垂直插入料袋内,穴口自封,不必用胶布封口(图2-3)。

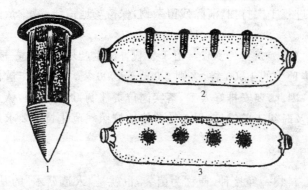

图 2-3　塑料钉菌种接种法
1. 塑料钉菌种　2. 接入袋内　3. 发菌情况

④液体菌种接种法　详见菌种制作中液体菌种。

4. 打穴接种注意事项

(1)做好个人卫生　接种人员要求洗净头发并晾干,更换干净衣服后方可入室。接种前双手用75％酒精擦洗或戴乳胶手套,严格执行无菌操作要求。

(2)消毒注意安全 采用甲醛与高锰酸钾混合气化熏蒸消毒,有强烈气味,对人眼有刺激。因此,在人员入室前30分钟,可用浓氨水按每立方米5毫升,置于室内让其自然挥发;也可用适量的碳氨放入铝锅内,置于煤炉上煮溶,均可消除甲醛残余气味。

(3)动作迅速敏捷 接种操作要求迅速、敏捷,尽量缩短菌种在空气中暴露和过酒精灯火焰的时间。

(4)接种后更新空气 每一批料袋接种完毕,必须打开接种室门窗,通风换气30～40分钟,然后关闭门窗重新进袋、消毒,继续接种。

(5)及时清理残留物 每批料袋接种结束后,结合通风换气,进行1次打扫,清除残留杂物,保持场地清洁,减少杂菌污染源。

(6)加强岗位责任 由于袋栽香菇生产规模较大,一般每次接种少的1 000袋,多则5 000～8 000袋,接种工作量相当大。因此,要安排好人工,落实岗位责任制,加强管理,认真检查,及时纠正差错,确保善始善终地按照规范化技术要求进行操作。

(六)室内养菌

料袋一经接种,便称为菌袋,也就是"人造菇木"的基质,要及时集中搬进室内排堂培养,按照菌丝生长发育的要求,创造适宜的环境条件。

1. 合理叠袋排堂

菌袋堆叠方式,应按井字形横直交叉。前期每点排4袋,依次重叠至10层,计40袋为一堆,按此方式堆叠,形成许多堆。每15平方米的房间可堆叠1 200多袋(彩图14)。采用不贴胶布接种的菌袋,为防止菌种从穴口脱落,接种后不宜立即搬运,可在室内就地堆叠培养,待6～7天菌丝定植吃料后,再搬出排堂叠堆。叠袋时要防止闷种,菌袋的接种穴应朝向侧面,防止上下袋之间压菌,影响透气。

2. 科学地调节温度

菌袋培养期间,根据不同生长期气温、堆温和菌温的变化,及时加以调节,防止高温危害。

(1)萌发期　接种后的菌袋头3天为发菌期,其菌温一般比室温低1℃～2℃,此时室内温度宜控制在27℃左右。如果气温低于22℃,可采用薄膜加盖菌袋,使堆温提高,来满足菌丝萌发的需要。

(2)生长期　接种4～5天后,接种穴四周可以看到白色绒毛状的菌丝,逐步向四周蔓延伸长。培养半个月后随着菌丝加快发育生长,菌温会比室温高出2℃～3℃。此时室内温度调节至25℃左右为适。叠袋可由原来4袋交叉重叠,调整为3袋交叉重叠,使堆温相应降低,促使菌温下降。

(3)旺盛生长期　当菌袋培养20～25天后,菌丝已处于旺盛生长状态,此时需把穴口上胶布拱起,让氧气透进料内。这阶段温度宜控制在23℃～24℃,应特别注意防止高温。如果室温为27℃,菌温就超过30℃,堆温也就随之升高2℃～3℃,此时菌温可高达35℃,必须注意调整堆形,疏袋散热,以2袋交叉成"井"字形或3袋交叉成"△"形重叠为好,以抑制堆温上升,降低菌温。

3. 加强通风换气

菌袋培育期注意通风换气,可结合调节温度,气温高时选择早晨或夜间通风;气温低时中午前后通风;菌袋堆大而密时多通风;菌温高时勤通风。除了打开所有门窗,使空气对流外,在高温期可采用电风扇排风,加大空气流速,降低温度。

4. 注意防湿控光

菌袋培养阶段要求场地干燥,空间相对湿度在 70% 以下为好,防止雨水淋浇菌袋和场地积水潮湿。特别强调在菌袋培育期间不论在何种情况下都不可喷水。菌袋培养宜暗忌光,门窗应挂窗纱或草帘遮光,但要注意通风,不能因避光把培养室遮盖得密不通风,造成空气不对流。

5. 及时翻堆检查

菌袋在室内培养期间要翻堆 4~5 次,第一次在接种后 6~7 天,以后每隔 7~10 天翻堆 1 次。翻堆时做到上下、里外、侧向等相互对调。目的是使菌袋均匀地接触光照、空气和温度,促进平衡发菌。

翻袋时认真检查菌袋,发现杂菌污染要及时处理。常见在菌袋面和接种口上,有花斑、丝条、点粒、块状等物,其颜色有红、绿、黄、黑不同,这些都属于杂菌污染。也有的菌种不萌发、枯萎、死菌等。通过检查进行分类处理。

(1)轻度污染 只是菌袋扎头或皱纹处出现星点或丝状的杂菌小菌落,没有蔓延的,可用注射针筒吸取 36% 的甲醛溶液或氨水,也可用 75% 酒精 50 毫升,配加 36% 甲醛 30 毫升的混合液,注射受害处,并用手指轻轻按摩表面,使药液渗透入杂菌体内,然后用胶布贴封注射口。

(2)穴口污染 杂菌侵入接种口,不受多大影响的菌袋,可用 5%~10% 石灰上清液,或 50% 多菌灵溶液等点涂污染处,但要防止涂及香菇菌丝。两种药不宜同时使用,因前者是碱性,后者为酸性,同时使用会引起中和反应,失去药效。

(3)严重污染 菌袋基料遍布花斑点或接种口杂菌占多数,无可救药的,应采取破袋取料,拌以 3% 石灰溶液闷堆一夜,摊开晒干,重新配料,装袋灭菌,再接种培养。如发现链孢霉污染,应及时用塑料薄膜袋套住,避免孢子传播。

接种后的菌袋,在室内养菌时间为 60 天左右,由于菌丝生长状况不同,管理方法也有差异。为了便于生产者掌握管理要点,这里列表(表 2-2)供使用时对照。

表 2-2 香菇室内养菌作业程序和技术要求

天　数	菌丝长势	排袋形式	工作要点	环境条件			注意事项
				温度℃	湿度%	通　风	
1～4	种菌萌发 定植吃料		28℃以下 关门发菌	25～27	70	超过 28℃ 开门通风	净化环境 叠堆合理
5～15	呈绒毛状 舒展穴外		翻堆检查 结合通风	25 左右	70	每天 1～2 次 每次 30 分钟	回避强光 严防高温
16～20	蔓延四周 8～10 厘米		调整堆形 处理侵染	23～25	70	每天 2～3 次 每次1～2 小时	对症下药 选优去劣
21～25	穴与穴间 菌圈连接		穴口拱布 通气增氧	23～24	70	白天关门 早晚通风	疏袋散热 降低袋温
26～35	分枝浓密 蔓延袋面		疏堆散热 调节堆温	24	70	加强通风 更换空气	准备排场 抓紧疏袋
36～50	洁白健壮 瘤状突起		观察长势 结合翻堆	22～23	70	加强通风 更换空气	及时检查 防止鼠咬
51～60	2/3 纽结肿瘤		适当引光 诱现原基	不低于 20	70	加强通风 更换空气	鉴别成熟 分类堆放
61 以上	由硬转软 略有弹性		检查菌袋 衡量程度	不低于 20	70	加强通风 更换空气	脱袋前的 一切准备

6. 菌袋成品率低的原因剖析

菌袋成品率低有诸多方面的因素,但主要还是操作失误造成的。主要原因如下。

（1）基质酸败　常因原料不好，木屑、麦麸结团、霉烂、变质，质量差，营养成分低；有的因配料含水量过高，拌料、装袋时间拖长，为附着在原料中的细菌、霉菌等滋生创造了条件，因而引起发酵酸败。

（2）料袋破漏　有的因木屑加工过程中混杂的粗条装袋时刺破料袋；有的因袋头扎口不牢而漏气；有的灭菌卸袋检查不严，袋头纱线松脱未扎，气压膨胀破袋没贴封，而引起杂菌侵染。

（3）灭菌不彻底　料袋排列过于紧密，互相挤压，缝隙不通，蒸汽无法上下循环流动，导致料袋受热不均匀和有死角。有的中途停火，掺冷水，突然降温；有的灭菌时间没达标就卸袋等，都造成灭菌难以彻底。

（4）菌种不纯　菌种菌龄过长，表面菌膜变褐，料与瓶壁明显脱离，这是菌种老化的象征。而接种前菌种又没做预处理，菌种老化抗逆力弱，萌发率低，接种口容易被侵杂菌染；有的菌种本身带有杂菌，接种入袋内后杂菌迅速萌发危害。

（5）接种把关不严　常因接种箱（室）密封性不好，加之药物掺杂使假，有的失效；有的接种人员身手没消毒，杂菌带进无菌室内；接种后没有清场，又没做到开窗通风换气，造成"病从口入"。

（6）菌室环境不良　培养室与排堂的场所不卫生，四周靠近厕所、畜禽舍和食品酿造的微生物发酵工厂；有的排堂场所简陋，空气不对流，二氧化碳浓度高；有的因培养场地潮湿或受雨水淋浇；有的翻堆检杂中所捡出的污染袋又没有及时处理，到处乱扔，造成环境污染。

（7）菌袋管理失控　菌袋培育期间气温较高，菌丝体自身代谢引起菌温上升，加上排袋叠堆过紧，袋温增高，上述"三温"没妥善处理,造成高温,致使菌丝受到损害,出现变黄、变红,严重的致死,使菌袋松软发臭报废;有的因光线过强,袋内水分蒸发,袋料含水量下降。

(8)检杂处理不彻底 翻袋检杂过程中工作马虎,虽已发现有杂菌斑点侵染或有怀疑或菌袋被虫鼠咬破,不做及时处理,以至蔓延。特别是接种穴口被杂菌侵染和鼠咬破口,很快互相传播,导致成批污染。

(七)野外脱袋排场

菌袋经过室内培育2个月左右,便进入野外脱袋阶段,也就是袋栽香菇结束"前半生住瓦房"的历史,转入"后半生进草棚"的新生活。

1. 脱袋与生产的关系

脱袋是新法栽培香菇承前启后的一个重要转折点。它把袋内的香菇菌丝体去掉薄膜,变为长菇的菌筒,或叫菌棒、"人造菇木"。

脱袋适时,菌筒转色好,"人造菇木"就能按照生物转化规律长菇。如果脱袋太早,菌丝没达到生理成熟阶段,菌筒就不转色;即使转色,其菌膜薄,色泽淡浅,"人造树皮"难以形成,香菇产量、质量都会受到影响。此外,过早脱袋,菌筒因水分散失而脱水,长菇比较困难。如果太迟脱袋,菌丝已生理成熟,袋内黄水积累,渗透到培养基内,会引起绿霉侵染;同时也会造成菌膜增厚,影响原基发育和长菇。如果袋内已形成菇蕾,再不及时脱袋,闷在袋内因缺氧、生长受阻而腐烂,杂菌、害虫就乘虚而入,即使脱袋后长出了菇,也都是畸形菇。

2. 脱袋标准

根据实践经验,菌丝生理成熟程度,主要从菌龄、形态、色泽、基质4个方面进行综合观察判断,也就是通常所要求的脱袋"四个标准"。

（1）菌龄　香菇菌龄指的是从接种日算起，经过发菌培养，到离开培养室之前的天数为菌龄。这个时间参数，受培养期间的温度和管理条件以及品种温型不同的影响而有差别。

通常在 22℃～25℃ 的条件下，一般品种菌龄 60 天左右即达到生理成熟，就可转入脱袋。如 856,L087,Cr-02 等中温偏低型菌株，在适温条件下，其菌龄 55～60 天已成熟，即可脱袋。而 Cr-04,Cr-20,L26 等中高温型菌株，其菌龄需要 70～80天，但由于海拔和气温高低的不同，菌龄也会变化。沿海的福建省莆田、仙游、霞浦等低海拔地区，上述中高温型菌株的菌龄为 60～65 天，可达到生理成熟。

（2）形态　生理成熟的菌袋，其表面菌丝起蕾发泡，呈肿瘤状凸起，占整个袋面的 2/3 左右；培养基与料袋交界间呈现空隙，形成此起彼伏凹凸不平的状态。这表明菌丝已分解和吸收、积累了丰富的养分，是生理成熟趋向生殖生长阶段的一个特征。

（3）色泽　菌袋内布满洁白菌丝，长势均匀旺盛，气生菌丝呈棉绒状。接种穴和袋壁局部出现红色斑点，这就是菌丝生理成熟，新陈代谢吐露黄红水珠引起转色，是进入生殖生长的信号。

（4）基质　判断其是否生理成熟时，用手抓菌袋有弹性感，表明已成熟；如果基质仍有硬感，说明菌丝还处于伸长期，尚未转向，要等待其成熟。

上述四个标准中，菌龄是参数，后三者都需齐备，缺一不可。这是判断是否可以脱袋的依据。

3. 脱袋排筒方式

用竹片或铁丝制成"△"形担架，把菌袋装在架上，挑进野外菇棚内排场。现有菇棚常采取两种结构:一是遮阳网小群棚(彩图 19),外用 95% 遮阴度的遮阳网,内盖塑料薄膜防雨。棚宽 4 米,中间的菇床排 10 筒,间隔 40 厘米留作业道 2 条。作业道两旁的菇床各排 5 筒(彩图 20)另一种简易草棚(彩图 21)面积可大可小,一般 600~2 000 平方米(1~3 亩地)。棚内菇床宽 1.4 米左右,长度视场地而定,床上用竹条搭成排筒架,架高离地面 30 厘米,前后排架距 20 厘米;再用竹木条横跨菇床,搭成拱膜棚。畦床排筒架见图 2-4。

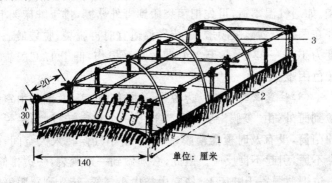

图 2-4　畦床上排筒架

1. 龟背式畦床　2. 小木条排筒架　3. 弧形罩膜架

　　脱袋时左手提菌袋,右手提刀片,先在袋两端划割一圈,再在袋的竖直方向等距离划割 1~2 刀,顺手把薄膜脱开。菌袋一经脱袋,名称即改叫菌筒。然后把菌筒放于菇床的排筒架横条上,立筒斜靠,与畦面成 60°~70°夹角。菌筒的靠位比例,应在 1/3 处靠于横条上。如果靠位比例上多下少,以后菌筒容易垂头;若下多上少会引起菌筒弯腰。每行排放 9~10 筒,筒距 3~4 厘米,菌筒排场见彩图 22。

4. 脱袋"四注意"

脱袋工序看起来很简单，但其中也有许多奥妙之处。为此脱袋要求做到"四注意"。

(1)注意选择时间　选择晴天或阴天上午，而雨天或刮西北风天不能脱。雨天田间泥泞，菌袋进出容易带泥浆，且雨天菌袋出门被雨水淋湿，容易污染杂菌。秋季常在11月间脱袋，西北风常起，菌筒表面易被吹干，所以不宜在有风天脱袋。

(2)注意选择气温　气温高过25℃或低于12℃时暂不脱袋。如遇气温不适，可先把菌袋搬到野外菇棚，排于畦床架上。并在菌袋上划破膜膜增氧，待气温适宜时再脱袋。脱袋最适温度为18℃～22℃，高于25℃菌丝易受损伤，低于12℃脱袋后转色困难。

(3)注意及时罩膜　边脱袋、边排筒、边盖膜。菌袋由室内搬到野外，由"裹膜"到"露体"，这是一个重大转折，如果脱袋的菌筒，没有及时覆盖薄膜，一下子由小气候转入大空间，就会不适，引起不良反应。因此，必须做到一边脱袋，一边排筒，一边把薄膜罩于畦床上，使它由袋内小气候，转入到罩膜群体气候中生长，逐步适应。

(4)注意断筒吻接　局部被杂菌侵染的菌袋，在脱袋时只割破未被侵染部位的薄膜，并留1～2厘米，把受害部位的薄膜留住，防止杂菌孢子散出。若是侵染部分大，可用刀把侵染部分砍掉，把干净部分菌筒收集在一起，进行人工吻合，一般3～4天菌丝生长后可形成整筒。

（八）菌筒转色催蕾

脱袋后进入菌筒转色期，也就是菌筒"人造树皮"形成的关键阶段。

1. 转色规律

脱袋排场后的菌筒,由于全面接触空气、光照、露地湿度及适宜温度,加之菌筒内营养成分变化等因素的影响,便从营养生长转入生殖生长。菌筒表层逐渐长出一层洁白色绒毛状的菌丝,接着倒伏形成一层薄薄的菌膜,同时开始分泌色素,渗出黄色水珠。菌筒开头由白色略转为粉红色,通过人工管理,逐步变成棕褐色,最后形成一层似树皮状的菌被,这就是所说的转色,也就是"人造树皮"的形成。

菌筒转色,通常在适宜的环境条件下,需要12天左右。再经过3～4天的温差刺激后,便萌发菇蕾。转色过程常因生态条件的限制和管理上的失误,出现转色太淡或不能转色,或转色太深,菌膜增厚,影响出菇。菌筒转色是十分复杂的生理过程,转色深浅、"人造树皮"的厚薄与出菇时间、数量、质量关系密切,详见表2-3。

表 2-3   转色与出菇的关系

类　型	色　泽	菌膜厚度	出菇状态	菇　形
转色适宜	棕褐色有光泽	厚薄适当	正常、量多	适　中
转色太深	深褐色	较　厚	迟缓、稀少	个　大
转色较淡	黄褐色	偏　薄	稍早、略密	较　小
不能转色	灰白色	较　薄	量　少	小　薄

2. 转色催蕾管理

菌筒转色催蕾管理主要应掌握好"控温、喷水、变温、刺激"4项技术要领。

(1)控温　脱袋后1～4天要罩严菇床薄膜,不必翻动,让菌丝恢复生长。罩膜内温度控制在23℃～24℃,相对湿度以85％为好。若气温超出25℃,应在早晚气温低时揭膜通风;雨天可把薄膜两头打开通风,保持菇床空气新鲜。5天之后以

18℃～22℃为宜。当菌筒表面长满洁白色的气生菌丝时,说明已菌丝复壮了。此时要揭开畦床上的罩膜通风,每天1次20～30分钟。若气温超过25℃,每天早晚揭膜通风,增加氧气。

(2)喷水   经过菌丝复壮后,到7～8天菌筒分泌出黄红色水珠,此时应结合揭膜通风,连续两天给菌筒喷水。第一天用喷雾器喷水,把红水珠喷散,并罩好盖膜,菌筒表面出现粉红色,并挂有黄红色的水珠;第二天可用电动压力喷雾器或喷水壶,向菌筒急水重喷,把黄红色水珠冲洗净。冲后不要急于罩膜,如果马上罩膜,筒面吸水多,湿度过大,就会出现白色菌丝继续生长,难以倒伏。因此,第二天喷水后要让菌筒游离水晾干,水分蒸发至手抓菌筒无粘糊感觉时才可罩膜。如果菌筒含水量低,表面干燥,可继续喷水1～2天,促使其加快转色。

(3)变温   菌筒转色必须结合变温管理。具体做法是白天把菇床上的薄膜罩严,使床内温度升高2℃～3℃;夜间12时以后气温下降时,揭开薄膜1小时,让冷空气刺激菌丝。这样日夜温差可达10℃以上,连续进行3～4天的温差刺激,菌筒表面就出现不规则的白色裂纹,也就能诱发子实体原基,并分化成菇蕾,所以又称变温催蕾。

(4)刺激   转色过程除了控温、喷水、变温外,还必须干干湿湿交替刺激,有利于转色。管理中既要喷水,又要注意通风,使干湿交替。但要防止通风过量,造成菌筒失水,特别是含水量偏低的菌筒更应引起注意。在通风换气时,还要注意结合喷水保湿,人为地创造干干湿湿的条件。野外菇棚内宜以"三分阳、七分阴"的光线刺激,有利于转色和诱导子实体原基分化,在畦床罩膜内的光照,至少要有25勒,对转色更有利。

为了便于掌握转色规律及管理措施,特列表(表2-4)供使用时对照。

表 2-4　菌筒转色日程及管理技术

脱袋后的天数	菌筒状况	作业要点	菇床环境条件			注意事项
			温度（℃）	湿度（%）	通　风	
1～4	洁白,绒毛状,菌丝继续生长	脱袋后排放菇床架上呈80°角,罩紧薄膜	23～24	85	25℃以下不揭膜通风	超过25℃揭膜通风20分钟
5～6	菌丝逐渐倒伏,分泌色素	掀动薄膜,增加菇床内气流速度	20～22	83～85	每天2次,每次30～40分钟	防止温度偏高,菌丝徒长不倒伏
7～8	新陈代谢旺盛,渗出黄水珠	每天喷水1～2次冲洗黄水,连续2天	20	85～90	每天喷水后待菌筒晾至不粘手时盖膜	第一天喷雾冲淡黄水,第二天喷急水冲净黄水
9～12	粉红色变为红棕色	观察温湿度变化和转色进展	18～20	83～87	每天1次,30分钟	温度不低于12℃亦不能超过22℃
13～15	棕褐色、有光泽、树皮状	温差刺激,干湿调节,促发菇蕾	15～18	85	白天罩膜、晚上通风1小时	干湿交替、防止杂菌侵染

3. 转色难症与对策

转色过程中也会出现许多异常现象和疑难症状,其原因和应采取的措施如下。

(1)转色太淡或不能转色

①表现　菌筒黄褐色。

②原因　一是菌龄不足,脱袋过早,菌丝没有达到生理成

熟;二是菇床保湿条件差,湿度偏低,不适合转色需求;三是脱袋时气温偏高,喷水时间太迟,或脱袋时气温低于12℃。

③处理措施 一是喷水保湿,结合通风,连续喷水2～3天,每天1次。二是检查菇床罩膜,修理破洞,罩紧薄膜,提高保湿性能。三是菌筒卧倒地面,利用地温地湿,促进一面转色,转色后再翻另一面。四是若因低温影响的,可把遮荫物拉稀,引光增温,中午通风;若由高温引起的,应增加通风次数,同时用冷泉水喷雾降温,中午将菇床两头薄膜打开,早晚通风换气,每次30分钟。

(2)菌丝徒长不倒伏

①表现 菌筒菌丝洁白,长达2毫米仍未能倒伏。

②原因 一是湿度过大,菇床内恒定湿度十分适宜菌丝生长,或脱袋后遇上适温,有利于菌丝生长;二是缺乏氧气,菌丝开始洁白后,没有适当通风换气或掀动薄膜次数太少;三是配方不合理,营养过量,菌丝生长过盛。

③处理措施 一是加大通风量,选中午气温高时揭膜1～1.5小时,让菌筒接触光照和干燥,促使菌丝倒伏,待菌筒表面晾至手摸不粘时,盖紧薄膜,第二天表面出现水气,即已倒伏;二是如采取上述措施后未能倒伏时,可用3%石灰水喷洒菌筒1次,晾至不粘手后盖膜,3天后即可倒伏转色;三是如果10～15天仍不转色,以至菌筒脱水,应连续2～3天每天喷水2次,通风时间缩短至30分钟以内,补水增湿促进转色。

(3)菌膜脱落

①表现 在脱袋后2～3天,菌筒表面瘤状菌丝膨胀,菌膜翘起,局部片状脱落,部分悬挂于菌筒上。

②原因 一是脱袋太早,菌丝体没有达到生理成熟;二是脱袋后温度突变(或高温或低温),表面菌丝受到刺激,缩紧

脱离,而菌筒内菌丝增生,迫使外部菌膜脱落;三是管理失当,一般脱袋后头 3~4 天,在 25℃ 条件下不揭膜通风,但有的因当时气温较高,中午揭膜通风,致使菌丝对环境条件不适应。

③处理措施 一是人为创造适合的环境条件,温度以 25℃ 为宜,让恢复生长的菌丝迅速增长;二是选择晴天喷水加湿,相对湿度以 80% 为宜;三是保持每天通风 2 次,每次 30~40 分钟。经过 4~6 天的管理,菌筒表面产生新的菌丝,但发生这种现象后,会使出菇推迟 10 天左右。

(4)菌丝体脱水

①表现 菌筒表层粗糙,手摸有刺手感,重量明显下降。

②原因 一是发菌期菌袋受强光曝晒,或接种穴胶布脱落,袋内水分蒸发;二是脱袋时遇西北风或干热风袭击,菌丝细胞内断裂,营养物质外流,菌筒表层干燥;三是栽培场地与菌丝体干湿相差大,多发生在旱地菇场,湿度小,菌筒水分被地面吸收;四是菇床薄膜保湿条件差,如采用有破洞的旧薄膜,或罩膜不严,菇床内气流过畅而失水;五是通风不当,揭膜时间长,受干热风影响。

③处理措施 一是加大喷水量,可用喷壶大量喷水于菌筒上,连续 2 天,达到手触不刺而有柔软感为度;二是罩严薄膜,缩短通风时间,保持相对湿度为 90%;三是灌"跑马水"于菇床的两旁沟内,增加地面湿度。

(5)转色太深,菌膜过厚

①表现 皮层质硬,颜色深褐,出菇困难。

②原因 一是脱袋延误,菌龄太长,筒内养分不断向表层输送,菌丝扭结,逐层加厚;二是培养料配方比例不当,氮源过量、碳氮比例失调,菌丝健壮徒长,延长倒伏时间,转色后菌膜增厚;三是通风不当,脱袋后没按照转色规律要求的时间揭

膜通风,或通风次数和时间太少;四是菇场过阴,缺乏光照。

③处理措施 一是加强通风,每天至少通风2次,每次1小时;二是调节光源,菇场要求保持"三阳七阴"花阴光照;三是增大菇棚内的干湿差和温差,促使菌丝从营养生长阶段转为生殖生长阶段;四是仿效"击木催菇法",用棕刷蘸水,往菌筒表层来回擦刷或用手捏筒,使菌丝振动撕断,裂缝露白,扭结出菇。

(6)菌筒霉烂

①表现 脱袋转色期间菌筒出现黑色斑块,手压有黑水渗出,闻有臭味。

②原因 一是脱袋后气温变高,特别是雨天,通风不良,造成高温、高湿,引起杂菌滋生,危害菌筒;二是发菌期绿霉菌未及时检出,潜伏料内,脱袋后温湿度适宜而加快繁殖;三是脱袋太迟,黄水渗透入筒内,引起杂菌侵染;四是菇场位置过阴,周围环境条件差,气流不畅。

③处理措施 一是隔离另处,把菌筒集中于一个菇床上,地面撒上石灰粉;二是药物杀除,先用50%多菌灵0.1%水溶液涂局部受害处,24小时后再用5%石灰水涂刷,待收敛后盖膜,连续2天;三是控制喷水,防止湿度偏高;四是增加通风次数,每天揭膜1次,保持菇床空气新鲜;五是菇棚四周遮荫物过密的,应开南北向通风窗,使空气对流。

从上述这些疑难症发生的原因剖析,不一定是诸因素同时存在,实践中必须因地因时有针对性地采取措施。

(九)出菇管理

菌筒经过转色和温差、干湿差、光暗差的刺激,诱发子实体原基的形成并发育长成香菇。从菇蕾到子实体成熟,一般只需3~4天,气温低时需6~7天,这时期称为出菇阶段。管理重点是创造适宜的生态条件,以满足长菇的需要。野外菌筒见彩图 23。

出菇阶段管理的重点是调控温、湿、气、光"四要素"。子实体发育温度范围为 5℃～25℃,以 15℃±1℃～2℃最佳。气温低于 5℃时,子实体无法形成;5℃～15℃,长速慢,菇肉厚,品质优,但产量少;25℃左右发育快,菇肉薄,易开伞,色黄至白,质量差。若温度过高时,原基就不能形成菇蕾,常会枯萎死亡。

出菇期以保湿为主,"一斤香菇九两水",因此水分是很重要的,长菇阶段,菌筒前期以喷水保湿为主,后期则浸水喷水结合。

香菇为好氧性菌类,出菇期注意通风换气,保持空气新鲜。

菇场光照秋季以"三阳七阴"为好,冬季以"五阳五阴"、春季以"四阳六阴"、夏季以"一阳九阴"为好;日照短的山区"阳多阴少",日照长的平原"阴多阳少",合理掌握光照度。

新法栽培香菇是一次接种,秋冬春三季长菇,而各季气温条件不同,产量也有差别,管理上所采取的措施也有所不同,现分季阐述如下。

1. 秋菇管理

秋菇多发生在 12 月之前,一般在接种后 65～80 天长菇,菇潮比较集中,可长 3～5 批。早、中熟品种产量占整个生产周期总产量的 30% 左右。管理中要掌握以下几点。

(1)控制出菇适温　秋季气温多变,高低不稳。若温度一直处于 20℃以上时,原基不易形成子实体,且消耗养分较多,影响产量。遇到这种情况,必须创造适宜的温度条件,可在晚上或凌晨气温较低时,揭开盖膜通风散热,使菇床温度下降。晚秋气温低于 12℃时,可将遮荫网揭开些,让一定的阳光照射,增加热源,使菇床达到适宜温度。

(2)干湿交替,冷热刺激　第一批菇采完后,必须停止喷水,并揭膜通风8～12小时,降低菇床湿度,使菌筒干燥。让菌丝充分休息复壮7天左右,当菌筒采菇后留下的凹陷处发白时,说明菌丝已经复壮,此时白天可进行喷水,并盖紧薄膜,提高温度,晚上揭膜通风,使菇床有较大的温差和菌筒干湿差。通过3～4天干湿交替、冷热刺激后,第二批子实体迅速形成。第二批菇采完后,按上述方法增加通风次数,让菌丝复壮,然后连续喷水2～3天,增大湿差,促进第三批菇蕾萌发。逐批仿效此法管理。

(3)保持较高的空气相对湿度　出菇期空气湿度以90%左右为宜。南方秋高气燥,注意菇床保湿,防止菌筒被风吹干;北方秋雨连绵,应注意通风,避免湿度偏高,引起菌筒霉烂、杂菌滋生。通常菇棚的罩膜内呈一层雾状并有水珠,说明湿度适宜。若无水珠说明偏干,应喷水加湿;若水珠下滴,则为偏湿,应增加通风,降低湿度,避免过湿造成霉菌侵袭为害。

(4)因时因地调节光照度　秋初低海拔地区气温较高,日照稍长,为防止光照过强,菇棚上的遮荫物应"三阳七阴",以利于原基发生和子实体形成;秋末山区气温急降,日照渐短,菇棚应从"四阳六阴"逐步到"五阳五阴",有利于长菇。

2. 冬菇管理

冬菇多在1～2月,即春节前出菇。这个季节气候寒冷,菌丝生长缓慢,呼吸强度低,出菇少,子实体生长也慢,菇肉厚,品质好,但产量少,仅占总产量的10%～15%。具体管理措施如下。

(1)引光增温　冬季野外菇场寒冷,可把薄膜放低、罩严,增加地温;同时选择晴天,把遮荫物摊稀,达到"五阳五阴",日照短的山区可以"七阳三阴",让阳光透进场内,增加热源,提高菇床温度;晚上盖严防寒。

(2)错开通风时间 菇蕾发生后,呼吸旺盛,如空气不流通,二氧化碳积累过多,就会抑制子实体形成与生长。因此,冬季不论菌筒是否长菇,都应保持每天中午通风 1 次,通风时间应短,每次 10~20 分钟,使菌筒免受寒风侵袭而干燥。

(3)控制湿度 冬季结霜期不宜喷水,只要保持菌筒湿润,不致干枯即可。特别是霜期较长的地区,更要注意保暖防寒,生息养菌,切忌喷水。如湿度过大,菌丝生长受到阻碍,甚至造成小菇蕾死亡。有的菌株冬季会长出变形菇,俗称"蜡烛菇",即有柄无盖,对此应及时摘除,减少养分消耗。

(4)保菌越冬 冬季出菇少,甚至不出菇。冬休期应把菇床罩膜四周用土块或石头压紧,使床内温、湿度得到保持,避免寒风、寒流侵袭菌筒。北方寒冬积雪,应加固菇棚,以防倒塌,棚顶和四周加围草帘,挡风保温。

3. 春菇管理

春菇发生在 3 月至 6 月上旬,此时春回大地,菇蕾盛发,菇潮集中,是中高温菌株长菇的高峰期,其产量占整个生产周期的 60%~70%。这里介绍春菇管理的"六要六防"经验。

(1)菇床要适时揭膜、盖膜,以保持适宜的温、湿度 南方春雨连绵,湿度偏大,每天要结合采菇揭膜通风,采后盖膜。如气温高于 20℃,盖膜的两头要揭开,让其通风。闷热天或雨天,盖膜四周全部揭开,使空气流通。特别是菌筒浸水重回菇床时,盖膜要看气温,早春气温低或寒流袭击时,薄膜要罩严 3 天保温,使菌丝复壮;若气温高于 25℃,则每天通风 2~3 次,促其生长。

(2)喷水要看天气,防过湿菌筒生霉 春菇生长期的喷水,要掌握在连晴天气、菌筒表皮稍干时进行。可在上午采完菇后,用喷雾器往菌筒表面喷水;阴雨天不喷水,菌筒湿润不喷水,采前不喷水。喷水后要让菌筒晾 30 分钟,然后覆盖薄膜,防止因湿度过高,造成霉菌生长而烂筒。如菌筒局部变黑,手压有黑水渗出,即为霉筒。对此可先用 50%标号的多菌灵 0.1%水溶液涂刷患处,第二天再用 5%石灰水涂刷,并加以隔离,防止蔓延。

(3)适度干湿、温差刺激,防失当 每采完一潮菇后,要揭膜通风 8～12 小时,让菌筒表面稍干,晴天再喷水,使菌丝复壮;并采取白天盖严薄膜,晚上 12 时之后揭膜通风 1 小时,降低棚温,制造温差,促使菇蕾发生,连续 3～4 天即可。

(4)采菇加工要适期,防开伞 春菇质薄易开伞,开伞菇商品价值较低。为此,必须掌握每天上午开始采八成熟的菇,即菇盖已伸展、卷边似"铜锣"的,当天采菇当天加工。

(5)菌筒清理要适时,防污染 春季杂菌常在菇蒂部位腐烂的筒上生长,因此,每掌握采完一批菇后,要进行清理。可用小刀把菌筒上长有霉菌的部位削除,并在菇床上排好,让其通风稍干后盖膜控温保湿,促进菌丝健康长菇。

(6)菌筒补液要适量,防过湿 经过秋冬两季长菇后,菌筒养分、水分大量消耗。因此,菌筒浸水是春管中的一个极为重要的环节。具体方法见下一节。

(十)菌筒浸水补肥

香菇长在菌筒上,经过几批长菇后,菌筒重量明显下降,子实体形成受到抑制,如不及时浸筒补水,产量就会受到影响。为使菌丝尽快恢复营养生长,加速分解和积累养分,奠定继续长菇的基础,就必须及时浸水补肥。每浸一次水,就长出一潮菇,同时通过浸水可增大干湿差,促进长菇量更多。第一次浸水后,每筒多的可采鲜菇 250 克,数量十分可观。所以菌筒浸水补液成为香菇新法栽培中的一个不可忽视的重要技术环节。

菌筒浸水主要把握以下 4 个要点。

1. 测定标准

当菌筒含水量比原来减少 1/3 时应浸水。发菌后的菌筒重量一般为 1.9～2 千克,而重量只有 1.3～1.4 千克时,即筒内含水量减少 30% 左右,此时就可浸筒补水。通过浸筒补水达到原重 1.9～2 千克的 95% 数值即可。鉴别菌筒是否吸透水分,可用刀将菌筒横断切开,看菌料吸水颜色是否一致,未吸透的部分,颜色相对偏白。

2. 浸水方法

浸水方法有:直接泡浸法,捏筒喷水法,插入注射法,分流滴灌法。较常用的是泡浸法和捏喷法。

(1)直接泡浸法 选择有代表性的菌筒,称其重量,掌握吸水量。然后用 8 号铁丝在菌筒两端打几个 10～15 厘米深的洞孔。对含水量少的,洞可打深些;反之则浅些。然后按照不同品系和失水程度,分别将菌筒搬离菇床,顺序排叠于浸水沟内,再把清水灌进沟内,以淹没菌筒为度。浸水时间,第一次 2.5～3 小时,以后每次递增 0.5～1 小时,通常要浸 4～5 次。最后 1～2 次的浸筒时间需 8～12 小时。菌筒失水多的,泡的时间长,反之则短些。浸后菌筒重量达到原有 1.9～2 千克的 95% 即可。然后重新放回菇床上,并进行 2 小时通风后,罩紧薄膜保温保湿。

(2)捏筒喷水法 原地提起菌筒,双手紧抓住,10 个指头向菌筒上按压,稍有"吱吱"响声,指痕部位略有微凹;或用塑料拖鞋,往菌筒四周轻轻拍打。上述两种做法的目的是使外膜震裂,利于的吸水。喷水可采用喷雾器或喷水壶,往菌筒上来回喷洒。每天 1～2 次,连续喷 3～4 天,水分从外膜渗透入筒内,使水分得到补充。以棉籽壳为原料的菌筒,用捏喷法可避免散筒。

(3)插入注射法 原地操作,用金属制成的菇筒注水器,针筒长 22 厘米,直径 4 毫米,尖锥空心,钻有 24 个出水微孔。利用喷雾器喷头,换上注水器。先用同规格的钢筋往菌筒一端打个注水洞,深约占菌筒长度的 3/4,不宜透底,以免注水流失。注水时把注水器针筒插入注水洞内,借助喷雾器压力把水输入菌筒内,达到补水目的。现在市场上销售的多针筒注水器,由一个铁手把配 5 个开关,安装 5 条橡皮管,管头装针筒,1 次注水 5 筒,比较方便和实用。

(4)分流滴灌法 在菇场内设置 1 米高的水桶装满清洁水,作注射水源。桶底安装直径 15 毫米的水龙头,外套直径 15 毫米橡皮管或软塑料管,长度视菇床长短而定,把它作为总管,置于菇床拱架上,另一端扎牢;再用 12 号医用针头 30～40 支,按照间距 25 厘米分别插入总管的两侧,每支针头另一端扎上直径 5 毫米、长 1 米的塑料软管,作为分支管,形成"蜈蚣式"排列。软管一端插入预先打好进水洞的菌筒内。打开水龙头,让水徐徐不断地分流滴灌输入筒内。由于流量受到针头控制,滴灌的水输入筒内慢慢吸收,不致溢出。每滴灌一排菌筒时间大约 10～15 分钟。一次滴完后,再换另一排,周而复始。

3. 补充养分

第一至第三次浸水时,一般不需添加肥料等营养物质。随着长菇批数增加,菌筒内养分逐步分解消耗,出菇量相应减少,菇质也差。为此,当进行最后两次浸水时,可加入尿素、过磷酸钙、生长素等营养物质。用量为每 100 升水中加尿素 0.2%,过磷酸钙 0.3%,柠檬酸 20 毫克/升或三十烷醇 1.5

毫克/升,以及 800～1 000 倍叶面宝或菇类生长素,补充养分和调节 pH 值,这样可提前 5 天出菇,且出菇整齐,质量也好。

4. 注意"四结合"

(1)气温与水温结合　气温若在 15℃以下时,浸筒宜选在晴暖天气进行;5～6 月份气温高于 25℃以上时,需待气温降到 20℃左右时浸水为好。春季水温要比气温高,菌筒易吸收水分;夏季水温要比气温低,才能吸收,因此,夏季用井水、泉水浸筒更好。气温高浸水效果不好,过 6 月份气温常为 25℃以上,要注意天气预报,趁高温来临之前,抓紧时间浸筒,争取多长 1～2 批菇。

(2)开浸期与浸水量结合　菌筒含水量下降 30％左右时,浸筒才能如饥似渴地吸收,因此,要掌握好开始浸筒的最佳期。通过浸水菌筒的吸水量达到原重的 95％即可。如若过量,会引起菌丝体自溶或衰老,严重的会解体,导致减产。

(3)浸水与催蕾结合　菌筒开浸前菇床上的盖膜全部掀开,创造菌筒干燥的条件,浸水后重放回菇床上排列好,待游离水晾干后再罩膜保湿,行干湿差刺激。3 天后每天通风 1～2 次,每次 1 小时左右;干燥天缩短通风时间,一般为 30 分钟;若遇阴雨天,应把薄膜四周掀起通风。若气温低于 15℃,可把浸水后的菌筒集中重叠成堆,用薄膜罩住,使筒温上升。发菌 3 天后,重新搬回菇床上,并把遮荫物拨开,增加光照,行温差刺激,诱导子实体原基形成,菇蕾萌发。每一次浸筒后均要求做到上述的"两差"刺激。

(4)清理菇床与防虫害结合　当菌筒搬离菇床后,趁机清理床面上的残余物,并疏松一下畦土。原排筒处发生过病虫害的,可撒些石灰粉消毒;同时拉疏棚顶遮盖物,让阳光照射菌床,改善环境条件。

二、花菇优质高效多样式栽培技术

花菇是香菇产品中的上品(彩图2)。在国际市场上备受青睐,价格比普通香菇高1～2倍,栽培者可获得较高的经济效益。为使栽培者顺利进行花菇生产,现详细介绍花菇形成机制和栽培模式及安全优质高效培育技术。

(一)花菇形成机制与条件

花菇形成过程,包含着花菇子实体表皮细胞和肉质细胞两方面不同的作用。一方面由于空气干燥,湿度偏低,菇盖表层水分散失,无法进行有效的细胞分裂。随着表皮失水程度的加剧,细胞间出现了脱水,表皮细胞所需的养分输送受到阻碍,表皮蜡质无法起到保护作用,其扩张与收缩功能减弱,逐渐消失;另一方面菇盖表层以内的肉质细胞,为了延续下代,仍在顽强地进行分裂增长,培养基中菌丝积累的营养物质,随着水分向子实体输送,加速子实体对营养物质的吸收积累,而肉质层细胞因能从料中供应一定的营养和水分,这样就造成了表皮细胞与肉质细胞生长,处于不协调、不同步的状态。这种状态继续发展,表皮细胞已无法适应保护肉质细胞部分的功能时,惟有开裂而保持个体的生命,因此菇盖裂开露出白色的肉质部分。随着不同步的发展,裂纹加深,肉质与表层盖膜,这就自然形成明显的黑白反差、纹理各异的花菇(彩图4)。

从花菇纹理发生的机制和实际生长环境分析,形成花菇的主要气象因素有湿度、温度、光照、风速、海拔等方面,栽培者必须掌握花菇纹理形成的条件,以获取优质花菇生产的好收成。

1. 湿 度

湿度包括两个方面:一是菌筒料内含水量;二是栽培棚

内的空气相对湿度。总的要求是"内湿外干"。花菇菌筒的含水量，基本上与常规栽培要求接近，但有它的特殊性。据试验菌筒含水量为35％时，生长的菇蕾中有85％萎缩；含水量49％的菌筒，也有12％菇蕾萎缩；含水量60％～70％，菇蕾均能正常形成花菇。花菇形成要求干燥条件，一般空气相对湿度在50％～60％较为理想。过低或过高都较难形成纹理，过份干燥易成菇丁，主要是菇盖过早开裂，而无法长大，甚至因此而干死；较长时间空气相对湿度高于75％时，菌盖表皮不开裂或仅有微小的网状花纹，由此可见湿度对花菇形成的影响较大。菇场地面水蒸气的蒸发量，会直接影响菇盖纹理的形成和开裂的深度，如果菇场地面潮湿，水蒸气的蒸发量就大，致使菇棚内的小气候空气相对湿度也就增大，不利于花菇的形成。即使形成花菇，其质量也受影响。所以场地应选择地面较高、通风好、土质干燥的地方，最好地面铺一层煤渣，以利于吸潮。

2. 温　度

温度虽不是影响花菇形成的决定因素，但对花菇形成和质量起着重要作用。同一菌株在其适应的一定温度范围内，温度偏高，子实体生长快，周期短，但柄长、肉薄、易开裂，即使形成花菇，品质也差；温度偏低，子实体生长缓慢，组织繁密，肉质厚，柄短，品质好，但量小。花菇既是香菇的优质品，必须以质量为重，理想的平均温度为15℃左右。

3. 光　照

光照对花菇子实体的生长发育是必不可缺少的外因条件。如果光线太弱，菌柄明显增长，菌盖色泽偏淡，影响品质。在子实体生长期间，适当增强光照，有利于提高品质。而对于花菇来说，还须有一段时间的强光刺激，使其组织发育更紧密、厚实。光照强度直接影响空气相对湿度，强光加上良好的通风,必然极大地降低空气的相对湿度,有利于加速菇盖开裂和加深裂纹。

4. 风　速

菇棚内如果加大风速,有利于降低空气中水蒸气在菇体表面的附着率。最好有 2～3 级微风吹拂,可促使菇盖表皮加速干燥,促使裂成花纹。因此,菇场应选择较通风的地方,且棚与棚之间要有一定的距离,不应相互影响通风。

5. 海　拔

海拔高度虽不直接影响花菇形成,但在自然条件下,海拔高度可以影响气温和温差。较低的气温和较大的温差,有促进花菇形成和提高花菇品质的作用。海拔较高,其气温相对较低,温差较大,有利于花菇栽培。我国北方气温比南方低,选择海拔高度要适当,否则气温过低,一年中低温持续的时间又长,花菇生长期短,影响产量。在南方气候较温和,花菇栽培地段应选择海拔 450 米以上,以海拔 600～900 米为宜,这样秋冬季节气候较干燥,适宜花菇生长。如果气温能维持在 8℃～15℃,温差达 10℃以上,形成的花菇质量较好。

6. 种性差异

品种虽不是决定花菇的成因,但不同菌株由于种性特征的差异,也会直接影响花菇的形成。比如中温偏高型的菌株 Cr-04、Cr-20,其出菇温度较高,而花菇生长期多在秋冬及早春低温干燥环境下,这些菌株积温没达标,无法长出菇蕾,更谈不上长花菇。只要选用中温偏低型或低温型菌株,才有利于花菇形成。

7. 菇蕾成熟度

据试验表明,在空气相对湿度 60%,温度 12℃的环境条件下培育,其菇蕾大小对花菇形成有着直接影响(表 2-5)。

表 2-5 菇蕾大小对花菇形成的影响

蕾体大小(厘米)	菇蕾盖面状况
1	70%左右的菇蕾出现萎缩
1.5	25%菇蕾萎缩
2～3.5	菇盖表面裂纹清晰,形成较好白花菇
3.5 以上	菇盖中心干燥,花纹不明显
近成熟	菇盖不能形成花纹

(二)花菇栽培的各种模式

1. 高棚架层集约化培育模式

高棚架层集约化立体培育花菇(彩图 6),首创于福建省寿宁和浙江省庆元等香菇主产区,是在南方普遍推广的一种集约化高效栽培模式,其特点如下。

(1)高棚架层结构 一般棚高 1.8～2 米,内设床架 5～6 层,每棚排放 2 000～3 000 袋,每 667 平方米地可栽培 2.8 万～3 万袋,比露地栽培花菇节省土地 2/3。栽培袋采用香菇常规塑料薄膜袋,其折幅宽 15 厘米,长 50～55 厘米,每袋装干料量 1 千克左右。

(2)长龄低温菌株 以 L-135,L-939,L-9015 和 241-4 等菌株。早春 2～3 月接种,低温发菌,度过夏季,菌龄长到 5～7 个月,秋冬长花菇,来春长光面厚菇和薄菇。

(3)带袋转色出菇 袋内转色,刺孔,通风,深秋自然长花菇,冬季升温催蕾,人工选蕾,降湿促花,周期性注水。从菇蕾发生到采收,一般 20～25 天。

此种模式优点是省地,解决了菇粮争地的矛盾;低温制袋成品率高,菌龄长、养分足,花菇商品性状好;充分利用深秋9～11 月份良好气候不需加温,自然长花菇;产品比秋栽提前2 个月上市。不足之处是栽培区域局限于高海拔和夏季气温不超 30℃的地区,菇棚高大,中间的菌袋温差刺激比四周少,里外光照度亦有差异,棚中风量少,所以白花菇比例不如四周菌袋长得多。必须经常进行上下,里外调整,花工、费时多。

2. 双棚中袋春栽花菇模式

这是河南西峡从浙江庆元引进技术,结合当地气候条件,进行改进的另一种模式。其特点如下。

(1)内外棚结合 分外棚、内棚。外棚用于遮阳,内拱棚覆盖塑料薄膜,调节温湿度,一个拱棚内可排放菌袋 1 200 个。中袋折幅宽 17～20 厘米,比常规栽培袋宽 2～5 厘米,袋长55 厘米。1 吨干料可装 800 袋,每袋平均 1.2～1.5 千克。

(2)长龄菌株 以 L-939,L-135,241-4 菌株为当家品种,2～4 月制袋,春季低温发菌,菌龄 5～7 个月。

(3)人工振动催花 利用河南 9～11 月份良好出菇季节,不加温长菇,花菇品质好。此种模式优点是菌种冬季接种,比秋栽成本低;菌袋生产 2～4 月正值农闲;木屑备料符合树木砍伐期短的要求,质量好;低温发菌成品率高;菌龄长,菇质优。难点是与高棚架层栽培,菌袋培育需越夏,正值 7～8 月高温期,栽培区域宜在海拔 600 米以上山区,地区有一定局限性。

3. 小棚大袋秋栽模式

这是河南泌阳引进福建古田野外露地栽培香菇技术,结合中原 12 月、1 月、2 月这 3 个月温度低、温差大、空气干燥,多风气候,进行培育花菇的一种新方法(彩图 8)。

(1)小棚大袋 菇棚长 5～6 米,高 2.4～2.6 米,每棚面积 15 平方米,内设 5～6 层床架。可排放大菌袋 500～600 个,是国内最小的花菇棚。栽培袋规格折幅宽 24～25 厘米,长 55厘米,每袋装干料 2 千克左右,是国内花菇生产最大的菌袋。

（2）**短菌龄** 秋接种,选用中温偏低型菌株,如 Cr-62,L-087,L-856,农 7,农林 11 号等。8 月下旬至 9 月底制菌袋。

（3）**催蕾蹲菇强化催花** 11 月下旬至 12 月上旬,气温较低,人工催蕾 3～5 天,棚内育菇 10～15 天,强化催花。冬长花菇,春长光面菇和薄菇。此种模式优点是花菇速生,周期短,见效快;大袋保水性好,可避免气候干燥菌筒内水分散失,产出的花菇比例高。但袋过大,灭菌有难度,影响菌袋成品率;第一潮畸型菇多,冬季催蕾促花,明火加温,有害气体侵蚀菇体,影响商品质量,需改为管道式加温。

4. 北方日光温室立体培育花菇

我国北方有大量日光温室,或称日光大棚,可用于培育花菇(彩图 11)。日光温室是一种保护地栽培设施,具有良好的采光性能和保温性能,同时又具有高投放、高技术、高产出、高效益、集约化生产的特点,在蔬菜生产上已广泛应用。河北省遵化市利用日光温室培育花菇,已获得成功,1997 年 5 月通过专家评审鉴定,并经示范区推广,应用比较广泛,已形成规模生产。此种模式适应我国北纬 35°～41°黄河以北,长城沿线的晋、冀、豫、陕地区。这些平原地区的特点是气候干燥,雨量少,昼夜温差大,在气温最低季节,日光温室内的温度,仍高于花菇子实体生育的下限温度,适宜培育优质花菇,尤以长城沿线的燕山山脉前盆地区更为理想。

5. 大田生料床栽花菇

黑龙江省首创生料地栽香菇,主要是利用东北冬季严寒、少雨、空气干燥、风速大的优越自然条件培育花菇,在辽宁、吉林普遍推广应用。其特点是原料不灭菌,原料与常规香菇栽培同,但要新鲜,无霉变,配料、拌料与常规香菇栽培相同,也可采用生料发酵腐熟;常用菌株是黑龙江 911,9110,吉林 0109,

辽宁木土 04,辽香 8 号,931,313 等菌株。3 月中旬料面盖膜,地面解冻时整理菌床播种,菌种量占料量 20%,上层覆土厚 1～2 厘米;低温发菌,杂菌侵染少,成品率高,转色催蕾保持菌床培养料内原有水分,不让水分蒸发,催蕾发菇后加大温差、变温刺激,花菇率达 50%。来春风速大,花菇还可收 2 茬。此种模式优点是生料不需灭菌,成本比熟料降低 20%左右,省工 30%。低温发菌成品率高,栽培工艺简便;花菇肉厚,商品性状较好。不足之处花菇生产季节短,地温高,会影响白花菇比率。

6. 埋筒地栽花菇

福建省长汀首创,已形成商业性生产,近 7 年来共生产出花菇鲜品 4.2 万多吨,成为我国培育花菇的又一种新模式。其花菇产出率达 36.7%,花菇商品性状较好,经济价值高,效益好。

埋筒地栽花菇的栽培袋选用折幅 15 厘米,袋长 55 厘米,于 3～6 月制袋,室内养菌,9～10 月搬进野外菇棚脱袋埋筒转色,11 月至翌年 2 月为花菇盛发期。其优点是菌筒埋于地下充分吸收土壤中的微量元素,土层具有防寒保温、保湿的功能,对菇蕾形成与生长十分有利,而且出菇管理用工比棚架栽培节省 1/4 左右。这种模式与传统栽培工艺有所不同,适宜的栽培区域,一般低海拔平原地区均可栽培。选用长菌龄菌株,菌袋需越夏,因此夏季气温超过 30℃的地区不适栽培。技术难点是地面湿度大,管理上如若控湿疏忽,会出现光面菇或暗光菇,降低花菇比率。

(三)花菇生产季节

我国南北各地所处纬度和海拔不同,气候差异甚大,花菇产出期有别。这里列举南、中、北 3 个有一定代表性气候的花菇产区,供读者在应用时对照。

1. 南 方

福建省寿宁县,位于东南近海地域,属中亚热带地区。年平均气温 13℃～19℃,降水量 1550～2250 毫米,无霜期 210～280 天。雨季常在春夏季 2～6 月份,秋末冬初后,晴多雨少。气温低于 20℃时,花菇产出期常从 10 月开始,到翌年 2 月中旬,月平均气温在 15℃～20℃,产菇量约占总产量的 89%,此时正值国外鲜菇"火锅料"畅销期,菇价最高。常用低温型 135-1,9015,939,南花 103 等长菌龄的菌株。菌袋于 2～3 月份接种,发菌培养 5～6 个月,菌袋度过炎夏,10 月上架出菇。此地的气候与浙江、江西、湖北、湖南、四川、贵州、广东北部和安徽南部的气候有相似之处。

2. 中 原

河南省泌阳县,位于中原地带,属典型的浅山丘陵区,大陆性季风气候,年平均气温 14.7℃,降水量 933 毫米,无霜期 223 天,秋冬和早春气候干燥,雨量极少。常用菌株为中温偏低型的 L087,农 7,Cr-62,856。菌袋接种期 8 月中旬,发菌培养 2 个月。花菇产出期从 11 月上旬开始,此时温度常在 15℃左右,收 1 潮花菇。春节前在菇棚适当加温,可收第二潮菇,节后再收 1 潮花菇。其后转产普通香菇。此地气候同山东、江苏、山西南部、安徽北部、河北南部、陕西南部等地区有相似之处。

3. 北 方

黑龙江省大庆市,位于东北,年平均气温 3.7℃～5.6℃,降水量 442 毫米,无霜期 135～150 天,夏季气温 30℃的炎热天只有 7～10 天,基本是一个没有夏天的典型高寒地区。花菇栽培采用低温型、长菌龄的菌株,如 135,939,9015 之类。菌袋在 3 月份低温下接种,加温发菌培养 5～6 个月;或选用中温偏低型、短菌龄的菌株,如 Cr-62,Cr-66,087 等,7 月上旬(平均气温 23.5℃)接种菌袋,菌龄 2 个月左右。上述两种不同时期接种的菌袋,其生理成熟时间,前者 8 月下旬(平均气温 20.54℃),后期 9 月(平均气温 15℃),此时月平均气温都在 15℃～20℃之间,正适合花菇生长,进行上架排袋,培育花菇十分有利。10 月份平均气温 7℃～9℃,可以人工调温,长花菇。菌袋越冬,翌年 4 月解冻后,花菇照常生长。此地区气候与辽宁、吉林、内蒙古、甘肃以及西藏等高寒的地区有相似之处。

(四)花菇菌株选择

1. 花菇常用菌株

花菇形成不是花菇所固有的遗传特性,并非种性特征。为了便于读者掌握,将常用的花菇菌株列表如下(表 2-6)。

表 2-6　常用培育花菇的菌株及特性

代号	出菇温度 (℃)	适栽范围	形　态　特　征
L-939	8～22	海拔 600 米 以 上 地域春栽	大朵型,菌盖肥厚,朵形圆整,鳞片明显,不易开膜,盖面褐黄色;抗逆力强,菌龄需 160～180 天,低温环境菇蕾易发生,成花菇率高
南花 103	8～24	海拔 600 米 以 上 地域春栽	大中朵型,菌盖圆整不易开伞,肉厚紧实,柄短小。菌龄 160～180 天,容易成花菇
L-135	6～18	海拔 600 米 以 上 地域春栽	中朵型,菌盖肥厚,卷边圆整,不易开伞,盖面茶褐色。菌龄需 160～180 天,花菇率高,白花菇比例多
9015	8～22	海拔 600 米 以 上 地域春栽	大中朵型,菌肉肥厚,组织致密,盖面黄褐色,有鳞片,柄粗长。菌龄 180 天,成花菇率高

代号	出菇温度 （℃）	适栽范围	形 态 特 征
L087 （856 同品系）	8～24	低海拔 平川地域 秋栽	中朵型,肉中厚,盖面黄褐色,朵形圆正,适应性广。60 天出菇,菇量集中,转潮快,成花菇容易
Cr-62	10～23	低海拔 平川地域 秋栽	中小朵型,菌盖圆正,黄褐色,柄短细,60～65 天出菇,转潮高,成花菇率高
农 7	10～22	低海拔 平川地域 秋栽	中大朵型,菌盖圆正,肥厚,茶褐色,抗逆力强,60～70 天出菇,成花容易,产量高
Cr-66	10～23	低海拔 平川秋栽	中大朵型,菌盖圆正,肥厚,深褐色,柄正中,稍短粗;抗逆力强,65～75 天出菇,成花菇率高
9109	8～20	东北、高寒山区春栽	大中朵型,单生,肉厚,盖面深褐色,裂纹深,花菇率高。适于生料开放式栽培,60～70 天出菇
8911	8～18	东北、平原地区春栽	中大朵型,单生,朵圆正,肉肥厚,色深褐,菌丝抗逆力强,适于大棚生料床生产花菇,60～80 天出菇

2. 不适宜生产花菇的菌株

（1）高温型菌株　如 Cr-20,Cr-04,85001,广香 47,7945 等菌株,其出菇中心温度 15℃～25℃。由于花菇产出多为冬季与早春,气温较低。上述这些属于高温型菌株,气温不适宜,积温未达标,无法生产菇蕾。

（2）菌盖表皮较厚的菌株　如 241-1 具有朵大肉厚,盖深褐色,产量高的优点。但由于盖面菌皮较厚,在自然条件下形成花菇困难,就是强化催花条件下,裂纹也是较难形成。所以花菇产出率低些,但该菌株作为反季节露地栽培出口保鲜菇是比较理想的。

(3)不适代料栽培菌株　如7925,7401,9151,沪农2号,L-12,L-507等。此类菌株,因长期处于段木栽培,在高碳低氮的培养基质中生长,菌丝生长周期长,生理成熟较迟。由于代料栽培方式不同,基质性状、管理方法有别,所以段木花菇菌株,相对而言,用于代料培育花菇不够理想。它需要进一步驯化,改变需要有较长的适应过程,暂时不宜使用。

3. 因地制宜选用对路菌株

(1)高海拔地域春栽　宜选低温型长菌龄的菌株。如福建省寿宁,浙江省庆元、晋云、景宁、龙泉以及河南省西部伏牛山区的鲁山、西峡及豫南大别山区的信阳和鄂北广水、随州等地区,海拔较高,夏季气温低。春栽花菇宜选用L-939,9015,L-135,南花103等偏温型菌株,菌龄长达150～200天,菌丝生理成熟后才长花菇。由于菌龄长,菌丝积累养分充足,所产出的花菇朵大形美、肉厚、裂纹深,商品性状高于一般花菇。但该菌株春接种,秋长菇,菌袋需越夏,若在气温高于30℃时易"烧菌",所以栽培区域局限于海拔600米以上的地域,对低海拔平川地区不适用。

(2)低海拔地域秋栽　宜选中温偏低型、短菌龄的菌株。以河南省泌阳为代表的中原及北方部分省区,秋栽花菇宜用Cr-62,856,农7,L-087,Cr-66,农林11等菌株,其菌龄60～75天即可出菇,海拔300～500米的一般地域均适。该菌株发菌时间短,出菇快,菇潮集中,秋冬即见效。但秋栽生长期较短,菌丝积累养分少,头潮菇朵形差,畸形菇多。对高海拔山区,由于秋冬气温低,不适宜该菌株出菇,所以不宜用来培育花菇,而只能作为常规栽培普通香菇。

（3）新培育菌株的选用　现有华北、东北、西北、西南等地科研部门，积极配合花菇生产，选育了适合当地气候的新菌株。读者可根据当地海拔高度、纬度、栽培模式，因地制宜选定当家菌株。

（4）引种注意事项　引进花菇菌种时要：一看瓶标所标明的菌株代号，生产日期；二看菌种质量，菌丝长势、色泽，有无老化、退化或侵染杂菌；三看种性说明，属于哪种温型，出菇适宜温度，适用生产区域，防止盲目引种或引进劣种、污染种，造成不必要的损失。

（五）花菇培养料配制

花菇培养料配方，总体来说与常规栽培香菇培养料无大的差别，但为了确保花菇生长发育有足够的营养成分，在原料选择上，最好以材质坚实的阔叶树种壳计科、桦木科、胡桃科、槭树科的杂木屑较为理想。

1. 培养料配方

下面介绍部分花菇主产区的常用培养料配方，供读者在生产中选用。

（1）浙江庆元配方　杂木屑78%，麦麸20%，蔗糖1%，石膏粉1%。

（2）福建寿宁配方　杂木屑81%，麦麸16%，蔗糖1.5%，石膏粉1.5%。

（3）河南泌阳配方　杂木屑82%，麦麸17.8%，熟石灰0.2%。

（4）河南西峡配方　杂木屑81.5%，麦麸17%，石膏粉1%，生长素0.5%。

（5）河北遵化配方　杂木屑53%，棉籽壳30%，麦麸15%，石膏粉1%，过磷酸钙1%。

（6）山东牟平配方　杂木屑 62%，棉籽壳 20%，麦麸 15%，蔗糖 1%，石膏粉 1%，石灰 1%。

（7）吉林延边配方　杂木屑 75%，豆秆 14%，麦麸 10%，石膏粉 1%。

（8）辽宁沈阳配方　杂木屑 70%，玉米芯 27%，硫酸钙 1.5%，硫酸铵 0.5%，石灰 1%。

（9）黑龙江大庆配方　杂木屑 50%，豆秸 20%，玉米芯 16%，麦麸 12%，石膏粉 1%，石灰粉 1%。

2. 拌匀的培养料含水量

花菇培养料与水的比例为 1∶1～1.2，含水量为 60%，比常规栽培 55%～58%，略高 2%～5%，因是带袋出菇，靠菌筒内水分供给。尤其是春栽的菌筒培养时间长达 5～6 个月，如果菌筒内水分不足，势必影响菌丝后期生长发育。而秋栽的培养料含水量可偏干一些，在 56%～58% 之间，因菌袋制作时处于秋初气温高，如果含水量过多，容易引起杂菌侵染，且秋栽的菌袋培养时间仅 2 个月，比春栽的短，所以应区别对待。生料栽培的培养料含水量亦需偏干些，通常掌握 55% 即可。

3. 培养料的碳氮比例

花菇拌匀的培养料其碳源和氮源比例，即碳氮比（C/N）是花菇生长发育中的一项重要因素。香菇常规栽培的碳氮比一般要求 25∶1，而花菇在菌丝营养生长阶段碳氮比则要求 30～35∶1。因此在培养料配方中，不可随意添加氮素，在子实体原基分化和生长阶段，如果氮的浓度过高，酪蛋白氨基酸超过 0.02% 时，原基分化就会受到的抑制，子实体难以形成。所以配料时必须按照培养料配方的要求，碳氮比例就不至于有误差，这样才能确保培养料组成的科学性，适应花菇营养生长和子实体发育的要求。

培养料碳氮比的计算方法是把各类原材料的碳素相加，所得总量除以各种原料、辅料的氮素相加所得的商数，就得出碳、氮比。为了便于计算，这里介绍主要原料、辅料碳、氮含量，见表2-7。

表2-7　主要原料、辅料碳氮含量　（单位：%）

类　别	杂木屑	棉籽壳	玉米芯	麦　麸	米　糠
碳	75.8	64.4	63.4	69.9	49.7
氮	0.39	17.6	3.19	11.4	11.8
碳氮比	194∶1	3.6∶1	22∶1	6.1∶1	4.2∶1

举实例计算：杂木屑1 000千克，麦麸200千克，其碳氮比见表2-8。

表2-8　培养料碳氮比计算表

品　名	原料量（千克）	碳　量		氮　量	
		含碳（%）	应有碳量（千克）	含氮（%）	应有氮量（千克）
杂木屑	1000	75.8	758	0.39	3.9
麦　麸	200	69.9	139.8	11.4	22.8
合　计	1200		897.8		26.7

按上述实例用量的碳氮比＝897.8÷26.7＝33.6∶1，即碳氮比为33.6∶1。各种原料、辅料的碳氮含量不一，在选料时应先查出其碳氮百分比量，并按照上述方法进行测算，以达到配方C/N的合理性。

4. 装袋灭菌特殊性

花菇菌袋制作，一般按照香菇菌袋生产工艺流程进行。近年来各地科研部门和菇农根据当地栽培模式不同，在菌袋生产中又有新的改进。

（1）大袋装料灭菌要求　河南省泌阳模式栽培袋规格为宽24～25厘米，长55厘米，每袋装干料2千克左右，湿重4～

4.5 千克,由于装料量多,袋大,所以灭菌时间比常规菌袋灭菌要多 4~6 小时。料袋灭菌指标要求在 100℃时保持 20~24 小时,灭菌才彻底,否则影响菌袋成品率。

(2)套袋防污染　在接种后的菌袋外再套上 1 个塑料袋,并在套袋的中心放入一个核桃大的棉花团,然后用橡皮筋连同棉花团把袋口扎好,松紧适中。棉花团起到在菌袋和套膜之间散热、排湿、透气和阻止杂菌侵入的作用,使菌袋发菌由封闭式变为开放式,接种后可以在培养室内立即通风更新空气,有利于降低污染率。

(3)内套保水膜袋　这是浙江省吴克甸先生研制成功的一种装袋方法,用一个塑料袋和另一个保水膜袋合在一起同时装料。这种保水膜袋具有裂而不碎,不附着菇体的特点,产出的花菇卫生安全。保水膜袋是采用特殊塑料组合的原料制成的,可保持菌袋水分。当菌丝生理成熟后,适时脱去外层塑料袋,保留内层保水膜袋,菇蕾就可自然破膜顶出袋外生长,免去现蕾割膜长菇的繁琐工序。这是袋栽花菇生产技术上又一新的突破。2004 年在河南省丁河镇等地示范推广 1 万袋,效果很好。实践表明此项新技术,菇蕾能运用自身力量破膜顶出袋外长菇,又能保持菌袋中菌丝体需要的水分,使花菇生长自然匀称,提高花菇率。每千袋又省去割膜工 30 个劳动日,极有推广价值。

(六)越夏养菌带袋转色

1. 菌袋越夏管理

高海拔地区选用 L-135,L-939,9015,南花 103 等春栽的低温型、长菌龄的菌株,2~3 月接种后,需在室内发菌培养 4~7 个月,至 10 月份开始出菇,在这个时段气温经历低—高—低的变化。特别是 6~9 月高温期若管理不当,会造成"烧菌"。低海拔地区秋栽,8～9月接种,其发菌期处于初秋,气候时有高温。如果盛夏气温超过28℃,发菌期菌丝生长旺盛,新陈代谢加快,袋温、堆温也随之升高,这就容易造成超温,损害菌丝活力,甚至引起解体。因此,花菇菌袋越夏管理是一项十分重要的技术环节,具体措施如下。

(1)改善环境条件　花菇菌袋室内越夏控温,可采取不断改变堆叠方式,这是调节温度的重要手段。发菌初期采用平地垒叠成墙式,不封口的菌袋采取接种穴对着接种穴互压,以减少菌种块水分蒸发,避免种块变干,促进菌丝早日萌发定植。而采用石蜡和纸胶封口的菌袋,接种穴需侧斜放,防止压住接种穴,待菌丝圈直径长到8～10厘米时再进行翻堆。翻堆不宜过早,以防菌种块脱落及培养料与筒袋壁分离,导致杂菌侵染。每次翻堆逐步改变排式,改按"井"字形或三角形排放,堆高由原来的10～12层,降低为8～10层,温度高时还需降至4～5层,堆间要留空隙,每两行堆间留40～50厘米的操作道,以利于散热降温。

(2)转移养菌地　夏季气温高于28℃时,应把菌袋搬移到东南方向的房屋底层室内,并在门窗外1米处搭一个支架,悬挂遮阳网或草帘避光,又能通风。也可以将菌袋搬到野外树林间菇棚内,并加厚棚顶遮阳物(彩图18)。地下室或人防地道夏季温度只有25℃,是菌袋越夏最为理想的场地,或在较高海拔的山区制作菌袋,越夏养菌。

(3)设置降温设备　有条件的生产单位,可在发菌室内设置空调,降低温度。一般培养室多用人工改善降温条件,即打开门窗,室内安装风扇和排气扇,加大空气流速,排除热气;也可加厚门窗外遮阳物,房顶或遮阳物喷冷水降温。但应注意室内不宜喷水降温,以免高湿引起杂菌孳生,污染菌袋。

2. 分期刺孔通气

菌袋刺孔分 3 个不同时期进行,具体操作方法如下。

(1)前期刺孔 接种后 10～20 天,当菌丝圈直径长到 10 厘米左右时进行前期刺孔。菌袋接种穴采取蜡封和纸胶封口的,因缺氧菌丝生长十分缓慢、细弱、末端参差不齐时,可以用长 5 厘米的铁钉或竹签,在距离菌丝末端 2 厘米处刺 4～8 个孔,孔深约 1 厘米,并将菌袋改为"井"字形堆叠,接种穴口朝侧放,以利于透气。如果接种穴未封口,此时菌丝生长一般都会正常,可不刺孔通气。菇农常把这时期的刺孔通气称为通"小气"。

(2)中期刺孔 在菌丝满袋至转色前进行刺孔通气,菇农称为通"大气"。当菌丝长满全袋后,选择气温在 22℃～25℃时进行,通常 5 月中旬至 6 月中旬,把菌袋搬到室外遮荫棚里越夏时,进行刺孔通气。通风条件较好的发菌室,也可在室内进行刺孔通气,但要分批进行,并注意疏袋通风。刺孔前应事先制作一个钉耙状刺孔器。即选一块厚 1.5 厘米、宽 5～6 厘米、长 50 厘米的木板,一端削成手柄状,另一端 35 厘米范围内钉上长 6.6 厘米铁钉,横距 2 厘米,纵距 4 厘米。刺孔时左手握菌袋,右手拿刺孔器,在菌袋上打 2～4 排孔,打孔数量和深度要灵活掌握。这期间有些菌袋因缺氧和见光,表面形成瘤状物,若任其发展会把菌袋顶破,这时除对窗户进行遮光外,需沿瘤状物外围用长 5 厘米铁钉或竹签刺孔 1 圈,数天后瘤状物就会软化,该部位整块转成褐色菌膜。应注意的是室内温度在 28℃以上时,一般不应刺孔通气,超过 30℃时严禁刺孔通气,否则极易造成"烧菌"烂筒。如果在高温时直接在瘤状物处刺孔,就会引起腐烂。

(3)后期刺孔 转色后至始菇期前进行刺孔通气。刺孔时间:海拔800米以上的高山区,一般在9月下旬至10月上旬;海拔300～800米的山区,宜在10月上旬至10月中旬;海拔300米以下的低山区,一般在10月下旬至11月上旬。刺孔数量与深度,应依菌袋含水量多少而定。一般菌袋直径9.5厘米、长42厘米的标准菌袋,重量超过2千克时,每袋约需刺孔100～120个,孔深2.5厘米,且可进行数次刺孔;菌袋重1.8～2千克的需刺孔70～90个,孔深2厘米;袋重1.75千克以下的需刺孔40～60个,孔深1.5～2厘米。同时还要区别菌株特性,135菌株的菌袋含水率要求略低,在出菇前菌袋重控制在1.3千克左右,为菌袋初始重的75%左右,菌袋表层还有1/5菌丝未转褐色的,刺孔数量和深度都要比939菌株多而深些。另一方面发菌室通风干燥的菌袋,刺孔数量可略少一些,深度也要浅一些。在刺孔阶段温度偏高的少刺孔,超过30℃时严禁刺孔通气。其他规格的菌袋可参照上述方法进行刺孔通气,菌膜厚度要求一样,刺孔深度和数量要视菌袋大小而增减。最终掌握的标准是以控制菌袋重量减轻到原制袋时重量的80%左右为宜。135菌株的袋,以重量减轻到原制袋时重量的75%为宜。

3. 带袋转色管理

花菇菌袋与常规菌袋的转色管理大有区别。前者是室内带袋自然转色,后者是野外脱袋喷水转色。带袋转色管理上应注意以下技术环节。

(1)降温控光 菌袋通过最后1次刺孔透气后,袋内菌丝体活力增强,加快新陈代谢,袋温明显上升,堆温和室温也随着提高。因此,培养室内要加强通风降温,室温以稳定在25℃左右为适。尤其是长菌龄的菌袋,应尽量采取措施降温,让菌袋安全度夏,防止超过30℃。同时注意调控光照度,转色前要求避光培养,如果光线强,温度偏高的情况下,菌袋进入最后1次刺孔后,12天就开始提前转色,并少部分渗出黄水。这就会导致袋内湿度增大,转色过快,变为黑褐色,菌膜增厚;后期出菇少而慢,影响后期出菇,甚至没出菇就烂筒。转色期要给予适宜的散射光照,一般光照度200～300勒有利于袋内菌丝体转色。

(2)刺放黄水　接种后在正常温度下培养50天左右,瘤状菌丝开始分泌出清水、黄水、红水或棕红水,这标志着菌丝达到生理成熟。代谢过程会渗出黄水,这是正常现象。当菌袋内出现黄水时,要及时进行刺孔,让黄水从袋内排出。放黄水有利于菌皮厚薄均匀,有效地调整袋内的含水量,为花菇生长创造含水量适度的基质;同时可避免因黄水储积袋内,造成局部菌丝体自溶,导致污染杂菌而烂筒。

(3)不转色的补救措施　花菇菌丝转色阶段,由于受薄膜袋的包裹,氧气接触少,外界水分不能吸收,所以要比常规香菇脱袋排筒栽培法转色难得多,这是一个特殊性。解决花菇不转色的技术措施,主要是认真观察,区别现状"对症下药"。

第一,对发菌期由于低温,或接种误过最佳季节,菌丝未能正常转色的,可将菌袋集中在菇棚内,重叠堆码,上面罩紧薄膜,使菌温、堆温自升,掌握不超过23℃,时间2～3天。然后揭膜重新上架摆放,使菌丝加快发育,新陈代谢旺盛,促其转色。

第二,菌袋脱水的,可用注射器输入清水,以基质含水量不低于50％为适。补水后菌丝很快恢复正常生长,促进尽快转色,且受水刺激后也起到催蕾作用。

第三,菌丝表层干缩的,可将菌袋刺20～30个针孔,然后摆放在菇棚内的畦床上面,时间3～4天,让地湿渗透进袋内,菌丝即可正常生长进入转色,然后上架摆放。

第四,无论属哪一种原因造成菌丝不转色的,除上述"对症下药"外,都必须进行温差刺激。因为温差刺激可促使菌丝自身为抵制不适环境,而加速新陈代谢,分泌色素,使菌丝形成保护膜,迅速从营养生长进入生殖生长,菇蕾就尽快出现。

(七)高棚架层集约化培育花菇技术

高棚架层集约化立体培育花菇,始于浙江省庆元、福建省寿宁,近年来迅速普及到华东、华北、西南各地,成为我国现行高效培育花菇的一项新技术,具体应做好以下几点。

1. 菇棚条件要求

(1)场地选择 花菇栽培场地除按照无公害环境条件要求外,还要按其特殊要求,选择空气流通、冬季有西北风吹动,日照时间长,地下水位低,近水源的山地,旱地及排水性好的地方做场地。

(2)菇棚结构 高棚架层是由外遮荫棚和内塑料大棚,多层栽培架、地面防潮覆盖物组成,菇棚四周设有排水沟,还有水管接到棚内,供补水用。菇棚长 10 米,宽 2.8～3.2 米,肩高 1.8～2 米,棚顶高 2.4～2.5 米,可摆放 1 500～2 000 个菌袋。需毛竹或木材 700～800 千克,8 米宽塑料薄膜 13～14 米,遮阳网或草帘 10 米,铁丝、塑料绳、透明胶带若干。菇棚四周应保持有 2 米的开阔地,有利于通风。

(3)遮荫棚搭盖 高 2.4 米左右,用毛竹、木杆搭成,支柱设在走道旁,菇棚南北窄、东西长,利于空气流通,四周遮拦物不宜过密,以利微风吹动,带走水分。越夏期间,如菌袋放在棚内,遮荫物要厚,可用茅草等遮荫,达"一阳九阴"(彩图 15)。秋、冬季出菇期间,遮荫物逐步稀疏,只要棚内温度不超过20℃,尽量增加光照。特别是冬天低温季节,光照能提高菇棚内温度,加强蒸发作用,使菇体表面水分蒸发变干,有利于加速子实体生长和促使花菇形成。如若棚内不作菌袋越夏使用,遮荫物可用两层遮阳网取代。

（4）架层排设　多层培养架可用木材、毛竹搭建4～6层，层距30～40厘米,底层离地面15～20厘米,架宽40～45厘米。中间两排并拢,两边各设一排,左右两面操作道距宽60～70厘米。在棚内不同部位挂几个温湿度计,以便随时观察、调控温度、湿度。

（5）地面防潮　棚内地面用塑料薄膜或油毛毡覆盖。若土壤干燥的,也可以在地表铺一层干沙子。

2. 菌袋排场上架

菌袋排场上架的时间要视品种特性和场地条件而定。越夏前排场上架,由于栽培量大,发菌室不够用的,接种后可把菌袋移到棚内发菌和越夏。菌袋越夏后,始菇期来临之前平均气温在23℃～25℃的季节,进行菌袋排场上架。也可以在20℃以下,15℃以上适合的天气,将有零星菇蕾的菌袋排场上架。具体掌握以下3点。

（1）区别菌情　根据不同菌株,不同基质分别上架,939菌株可在9月份平均气温20℃～22℃时上架,而135菌株不宜过早上架,以防光照,引起菌膜增厚,影响出菇时间,所以只能在20℃以下现蕾时上架。对含水量偏低,转色不好的菌袋,可推迟上架,因此类菌袋一经搬动就出菇,影响菇质;凡含水量偏低的发生菇蕾菌袋,可排放在架层近地面的1～2层;含水量偏高的菌袋,可稍加拍打后上架。

（2）袋间距离　菌袋上架排场时,袋与袋之间的距离要根据气候和菇棚位置而定,如若气候干燥,田野菇棚通风条件好,袋间距5～10厘米;如果菇棚在庭院旁边,通风条件差,光照不足,袋间距适当宽些,以10～15厘米为宜。排袋要求袋与袋之间互不影响通风与光照,以利于花菇形成。

（3）**出菇前护理** 上架后棚内温度以 15℃～20℃,空气相对湿度以 80%～85% 为适,出菇前 6～7 天,高海拔地区于 9 月下至 10 月上旬,日平均气温 20℃左右时,对转色较深,菌膜较厚,含水量偏高的菌袋,进行刺孔。

3. 蕾前补充水分

补水是花菇催蕾前的重要环节,菇农称之是现蕾前"壮体水"。

（1）**补水方式** 可采取水池浸泡和单袋注水。浸泡法是把菌袋顺序排列于浸水池内,上面横放木条,然后再竖起粗些的木杆,用铁丝固定后即可放水,至淹没全部菌袋为止。对菌膜偏干的菌袋可采用浸泡方式为好。注水法是采用注水器,往菌袋内输水,其优点是流量可以控制,不至于超标过饱。

（2）**控制水温** 菌袋注水时水温要比菌温低 5℃以上,使其形成温差刺激。特别是菌膜偏厚的菌袋,在冬季气温低,菌丝呼吸作用较弱时注水,要抓住暖流来临的天气,先把菌袋堆叠,上盖薄膜,暴晒 2～3 小时,待堆温达到 20℃～25℃时,进行注水,效果更好。如果采取水池浸袋,冬季菌袋必须打孔,使水从孔渗入;浸泡时间 48～50 小时。春秋气候暖和,菌袋浸水不必打孔,并可缩短浸水时间。如果气温超过 20℃浸水时,袋内有机分泌物和色素大量溶解于水中,使水变质,且菌袋在水中氧气极少,菌丝呼吸困难。如果浸泡时间超过 24 小时,就有可能因缺氧把菌丝体浸坏。因此,气温高时宜采取间歇、多次浸水法:即浸泡 5～7 小时后,把水放完,再加冷水继续浸泡,这样效果更佳。

4. 多种形式催蕾

总结各地实践经验,冬季使用的催蕾方法有以下几种。

（1）**地面竖袋催蕾法** 选择离浸水池和菇棚较近的一块

宽敞、向阳、避风、平坦的场地，打扫干净。把补水后的菌袋，沥去多余水分，一袋一袋地竖立于地面，上覆盖薄膜。根据天气晴、阴，有风无风，风大风小等，采取不同措施，包括地面铺草，上面盖草，掀盖薄膜等进行调控温度、湿度、通风和光照。一般通过地面催蕾后 3～5 天可整齐现蕾。

（2）拍打刺激催蕾法　菌龄较长的菌株如 939，具有受震动刺激发生菇蕾的种性。如果菌袋已到始菇期，自然气温已降至 20℃ 以下时还不出菇，可一手拿起菌袋，一手用刺孔器以"惊木"方式拍打菌袋，或将两个菌袋提起相互碰几下，然后调节空气相对湿度，使其保持在 80%～85%，温度控制在 8℃～20℃，超过 20℃ 时适当风换气，如此管理 4～8 天，大部分菌袋就产生菇蕾。再经过数天的保湿、保温，适当通风培育，菇蕾直径长至 1～2 厘米，接近顶到袋膜时，进行割膜诱蕾。秋季头潮菇用此法催蕾较多。

（3）菌袋注水催蕾法　对于含水量偏低的菌袋，或采菇后经养菌的菌袋，施行注水催蕾，效果十分明显。具体操作可参阅催蕾前菌袋补充壮体水方法。

（4）光照保湿催蕾法　光照能提高菌袋温度，保湿则起软化干硬菌膜的作用，此法适用于温度、湿度偏低的冬季。一般元旦至春节期间，市场菇价较高，可是因低温干燥、菇蕾发生较少，此时可选择晴朗天气，将不出菇的菌袋移到有阳光照射的空旷地上，地面垫薄膜；然后把菌袋以三角形堆叠 8～10 层，上盖一层稻草，再覆盖薄膜，每天在太阳光下放置 4～5 小时，但要注意堆温不宜超过 25℃，待菌袋表面水珠晾干后再盖薄膜。这样重复 4～6 天，大部分菌袋发生菇蕾。待菇蕾快要顶到袋膜时，再割膜诱蕾。有些菌袋转色太深，菌膜干硬，可脱袋后再用此法催蕾，长出菇蕾后，再套上 16 厘米×50 厘米的薄膜袋。

(5)蒸汽入棚催蕾法　冬季气温较低时可把菌袋移到花菇棚或催蕾大棚中,盖好薄膜,把节能炉搬到棚外边,采用皮管把蒸汽通入棚内,使棚温上升18℃时,保持4～5小时。但要注意的是最高温度不要超过27℃,连续加温5～8天,就会形成大批菇蕾。经过蒸汽催蕾,冬季花菇产量可大大提高。

(6)补液催蕾法　注射催蕾营养液,有利于菌丝生长及养分贮存和积累,刺激菇蕾形成,加速子实体发育,提高花菇产量和质量。此法适用于长过数潮菇的后期菌袋。催蕾液剂,有日本产的"菇木精"、"花菇敏",国产的"催蕾丰产素"、"福菇肽"、"菇得力"等。操作时,先按产品说明书配制营养液,用针筒注水器输入菌袋内,按注水的方法进行管理。春季注意多通风换气,采用干燥养菌管理法。若头潮菇未出好的菌袋,也可采用此法催蕾。将菌袋先进行刺孔通气或削去一块3厘米见方的菌膜,促使袋内蒸发部分水分。每袋重量控制在1.2～1.3千克,再注入0.4～0.5千克的催蕾营养液进行催蕾。秋、冬季操作时还要注意保温、保湿,才能取得一定的效果。

5. 疏蕾控株

当菌袋内现蕾后,用刀片割破袋面薄膜,让菇蕾破口而出。即所谓"割膜诱蕾"。这个环节,主要掌握好以下4个管理要点。

(1)割膜时机　袋内菇蕾直径长到1.5厘米左右时,进行割膜诱蕾较合适。如果割膜太早,菇蕾太小,抗逆力差,会出现萎蕾;过迟,菇蕾太大,易挤压变成畸形,影响花菇质量。

(2)环割适度　袋膜环割口的大小,应以有利于菇蕾从割口顺利伸出袋外生长为度。因此,刀片只能沿着菇盖四周环割,同时防止割伤菇蕾和菌丝。

（3）环境条件　割膜时还要调节好温度、湿度、空气和光照四者之间的关系。湿度以 85%～90% 为好，有利于菇蕾发育。温度以 10℃～22℃ 最佳，光照以菇棚"七阳、三阴"，每天揭膜通风 1～2 次，保持棚内空气新鲜。

（4）袋位调整　割膜后的菌袋，先置于菇架低层 1～2 天，利用地面湿度，满足菇蕾生长需要。待菇蕾长到 2～2.5 厘米时，再移到排架上层。如若菇蕾太小即移至上层，易产生花边菇，降低花菇质量；若菇蕾长大后再移至上层，则不能形成花菇。

6. 护蕾保质

菇蕾经过割膜破口而出后，进入幼蕾生长期。护好菇蕾是花菇培育的基础，管理上应注意以下 4 个方面。

（1）保湿防风　幼蕾适应环境能力弱，从菌料内得到的水分不够其蒸发。若通风过度、空气过于干燥，会导致菌盖面失水而萎缩。因此空气湿度宜保持 85% 为适，让其慢慢生长。若湿度过大，长速过快，菇体组织松软，不利于表面开裂。

（2）适温控速　幼蕾期温度应控制在 8℃～18℃ 之间，使其缓慢生长，促进组织紧密，菇体加厚。冬季气温低时，可加温培养，有利于幼蕾正常生长。

（3）增加光照　冬季或早春，可把菇棚覆盖物全部揭开，给予充足的阳光。晴天让阳光直照，可有效地提高花菇品质，但菇蕾 2 厘米以下时，不可让阳光直接照射。遮荫过密，不易形成花菇；光照不足，花菇颜色不白，在护蕾中都应予注意。

（4）避免损伤　在管理操作过程，要保护菇蕾的完好性，不要让菇蕾碰撞损伤，以免影响花菇朵形外观。

7. 蹲菇壮体

菇蕾经过选留护蕾后要控制其生长速度，使其逐步生长发育至菇盖 2～2.5 厘米，称为蹲菇期。此期间，管理上应区别菇蕾不同状况和不同气候采取相应措施。

(1)看菇盖湿度 在蹲菇期内必须认真观察,如若菇盖表面湿润、菇棚盖膜上有较多的水珠出现时,说明棚内湿度偏大,应采取晚上加温,同时打开通风窗进行排湿;如若白天菇盖表面明显润湿,应及早进行揭膜通风,降低湿度;若菇盖干燥,可晚些揭膜通风;若菇盖明显缺水,表明偏干,则不必揭膜通风。

(2)看菇蕾大小 刚入棚的幼菇,菇盖较小,一般1厘米左右的,应盖好棚膜,使棚内温、湿度提高。如果棚内温度达不到12℃时,应进行加温,空气相对湿度达不到70%时,结合增温进行加湿,经培养1~2天后,再揭膜通风。菇盖达到2~2.5厘米时,可在晚上揭膜,早上盖膜。

(3)看菇体长势 一般蹲菇7~10天后,菌盖组织紧实,手触有坚实感,菇体长至2~3厘米时,可转入催花。如果菇体仍感不坚实,应继续培养1~2天。寒冬大雪天,可让幼菇在低温下发育,待天晴后增温、增湿。

(4)看风管菇 蹲菇过程中如遇大风天气,必须盖紧菇棚覆膜,并用秸秆挡住来风,防止受大风侵袭,导致菇盖脱水;若挡风条件差,一场大风过后,大部分幼菇表面干涸萎缩时,应盖好薄膜,并增温、增湿,使其复壮。

(5)看菇盖色泽 若棚架上层的幼菇盖面颜色变黑,说明夜间加温时没及时排出煤气,应在棚上方开好30~40厘米的排气窗;如果通风条件较好,而菇盖发黑,说明加温的煤含硫量超标,应改为管道式增温方法。

8. 科学催花

(1)掌握催花适期 菇蕾直径长至2~3厘米时,是催花的适期。若菇蕾直径不到1厘米时催花,由于营养积累不足,难于抵抗干燥环境条件,以致萎缩死亡,或菌盖过早开裂,只能形成花菇丁;若子实体直径长至 3.5～4 厘米时再催花,将形成四周有直线辐射状裂纹,而菇盖中心干燥无裂纹的伞纹花菇。如果子实体已破膜开伞,再处于低湿度的环境中催花,只见菇盖表面干燥绷紧,不形成裂纹。因此,催花前,首先必须抓好催蕾,即根据天气预报,在秋季连续 5 天以上晴朗、有风的天气来临前完成催蕾,并使菇蕾长至直径 2～3 厘米,达到这个标准后,才可进入催花阶段。

(2)调节通风　菌袋上架后需减疏东西向的遮拦物,揭开四周塑料薄膜,使东西向有风流动,以降低温度。如遇棚温超过 18℃时,要增加遮荫物,揭开塑料薄膜,以降低湿度。气温连续低于 10℃时,荫棚上的遮荫物适当排稀,甚至全部去掉,并四周垂挂薄膜,减少冷风袭击。降低空气相对湿度要循序渐进,让菇蕾有个适应过程。起初 1～2 天空气相对湿度控制在 70% 左右,使菇蕾表面干燥,逐渐出现微小裂纹,在此基础上温度控制在 10℃～15℃,空气相对湿度在 50%～60%,2～3 天后菇蕾会形成明显裂纹,随着时间的延长,裂纹逐渐加深和扩大。因此,催花阶段要注意天气预报,选择连续几天晴朗天气来临前,进行催蕾,促进菇蕾发生整齐,并培育至直径 2～3 厘米大小,然后掀揭东西走向操作道口薄膜及提高四周垂挂薄膜的高度,调节棚内空气相对湿度,使盖面裂纹能如期形成,且菌袋水分散失又不过量,以满足花菇生长的需要。

(3)引光激白　秋冬季气温低,在子实体生长的温度(12℃～15℃)范围内,直射阳光有利于花菇花纹增白。光源调节方法,可采取排稀棚顶遮荫物,甚至全部揭开,让直射阳光透入,促使盖面花纹顺利形成,这是催花管理关键措施。但要注意,如果气温超过 23℃,直射阳光会烧伤菇体,遮荫物就要调整,以防光的伤害。因此,催花阶段应根据不同的气温条件,科学地利用光照。

(4)降低湿度　降湿可采用除湿器或热风管道向菇棚内加温、排湿。但在催花期间,也要防止环境过于干燥,以免花菇生长缓慢,或干枯。北方气候冷,菌袋过于干燥时,可采用小喷雾器喷雾加湿,空气相对湿度控制在 50%～60%,促使盖面花纹顺利形成。

(5)控制温度　温度高低和温差大小虽然不会直接影响花菇盖面花纹的形成,但也影响花菇生长速度和菌肉厚薄,在较高温度环境下,只要子实体还能生长,都会形成花菇,但形成的花菇肉薄柄长,商品价值不高;在 8℃以下的环境,虽然长出的花菇肉厚柄短,但生长周期长,影响总产量,要争取在秋冬季有限的黄金时期,多长几批肉厚柄短的花菇,还需避免温度偏高或偏低,注意把温度调控在最适宜花菇生长的范围内(10℃～15℃),夺取花菇优质高产。

9. 春季花菇管理

(1)补充营养　入春后的菌袋内含水量较低,必须注水,并配以"花菇生长素"、"催菇丰产素"、"福菇肽"、"菇得力"等营养剂,使菌袋内增加水分和营养,也可以采用尿素、过磷酸钙,葡萄糖及生长素等配成混合液,浸筒补充营养分。

(2)因时催花　早春气温低时,如果菇蕾表面干燥可喷水增湿。下午 2～3 时,当棚内大量菇蕾裂纹时揭膜。如果晴暖天气菇蕾白天通过晾晒风吹表面偏干,可在夜间盖膜增湿。当菇盖湿润时,进行加火升温,同时加大通风排湿进行催花。大雾天气不揭膜,棚内加温排湿至雾状消失时揭膜通风。

(3)控湿保花　雨天可在早上加温、排湿 3～4 小时,加温时火力要比平时加大 1 倍,并加大排气速度,让棚内相对湿度在较短时间内降到70%以下。如菇盖边缘有明显干燥缺湿现象,可在下午揭膜或把两旁的薄膜撑起,让外界湿度透入,使其增湿,如此连续处理,即可照常长白花菇。

(4)防止烂袋 晚春气温升高,常出现菌袋霉烂,多因绿霉引起,有的因注水过多,又遇高温,使菌丝解体。防止办法是补水或浸筒后,应置于通风干燥处,让菌袋表面干燥。对已污染杂菌的部位,可用克霉净等拌酒精涂擦患处,并加大通风量,保持棚内空气新鲜。

10. 采后复壮再生花菇

(1)菌丝复壮 以采完菇日起7~10天左右,气温低时延长至15天,让菌丝体在这间歇期内恢复健壮,以达到原采完菇后留下的凹陷处菌丝发白,渗出黄水时,说明菌丝复壮生理成熟。

(2)控温避光 菌丝复壮阶段,温度以23℃~25℃为宜。冬季气温低,可把菌袋集中在菇棚内,按"井"字形重叠5~7层,上面盖草帘或秸秆,起到保温遮光作用。温度低,复壮较慢,如果光线太强,会刺激原基过早出现,影响第二潮菇质量。

(3)补水控湿 随着长菇潮数的增加,菌袋含水量比原有明显减少,此时就应补水。补水前期达到菌袋内含水量50%~58%,后期达到45%~50%。24厘米大袋第一次补水后的重量达到4.3千克左右,第二潮菇收后,补水达到3.5~4千克即可,第三潮菇收后补水达到3.3~3.8千克为宜,形成一个逐步减少的梯度。菇棚内相对湿度控制在70%~75%之间,形成内湿外干的养菌环境,有利菌丝复壮。如果此时空气湿度过大,会出现提前长菇,但菇质次,遇到寒冷天气,菇蕾容易萎缩。

(4)注意通风 复壮期棚内适当通风,确保空气新鲜。补水后的菌袋,气温正常时直立排放在地上吹风,促使表皮干燥,夜间覆盖薄膜,经 5 天左右的管理,袋内菌丝体即可复壮,并可继续长菇。

(八)小棚大袋培育优质花菇技术

小棚大袋培育花菇技术创始于河南省泌阳县,此种培育花菇模式,在中原及华东、华北部分地区已得到推广应用。

泌阳县在引进福建古田袋栽香菇技术的基础上,利用北方干燥低温的气候特点,创造了小棚大袋高效培育花菇技术,使花菇产生率达 60％以上。1 个农户,1 吨料,1 个小棚,1 个产季可收干花菇约 100 千克,其花菇盖大,肉肥厚,花纹洁白呈龟裂状,天白花比例较高,获利颇丰。小棚大袋高效培育花菇技术要点如下。

1. 小棚搭建

场地选择向阳、通风、地势高燥、近水源、进出方便、环境清洁卫生的地方。如栽培规模不大,可将菇棚建在庭院内外树下,翌年春季气温升高时,可利用树冠形成的阴影遮阳,且通风条件好,环境干燥,有利于多出花菇。生产规模大的,可建在村边、果园或树林地条件适宜处。春末夏初,气温高时,菇棚上方另加遮荫棚,并要高出薄膜大棚棚顶 30 厘米以上,以利于通风。

泌阳小棚的棚长 5～6 米,宽 2.4～2.5 米,面积 12～15 平方米,前后墙高 1.6～1.8 米,山墙顶高 1.9～2 米。菇棚采用竹木结构,或将两端用砖泥砌成墙,墙一端中间留宽 60～80 厘米,高 1.7 米左右的门,棚顶呈拱形、"人"字形或半圆形。菇棚内正对门留宽 80 厘米的人行道,棚内两侧设架层,架层宽 80 厘米,每隔 1～1.5 米设立柱和横梁支撑,架层分 5～6 层,层距 35～40 厘米,每层用 4 根竹竿置放作为搁板,供放菌袋用。每架层可横放 2 排菌袋。这样规格的菇棚,可排放500～600 个菌袋。棚上覆盖薄膜,两边落地用土压实。冬季需要加温时,可在棚内地下修1条火道,最好是回形火道,提高热能利用率。菇棚附近建1个浸水池,以便补水时用。水池用砖砌成,长2.5米,宽2米左右,高1米。或者挖一个同样大小的坑,内垫1张厚塑料薄膜,可同样起浸水池的作用,且节约费用。

2. 上架催蕾

菌袋经室内养菌60~80天后菌丝达到生理成熟,即可搬进棚内排放于架层上,并转入催蕾管理。

(1)把握成熟度　菌丝体达到生理成熟标志是菌丝满袋,瘤状物形成,并有零星小菇蕾发生;菌袋重量有明显减轻,一般为原接种时重量的70%~80%;若为早熟菌株的菌袋,重量一般为接种时重量的85%~90%;从接种后到上架前的时间应依据该菌株达到生理成熟所需的菌龄。

(2)催蕾技术措施　大袋的菌丝体在发菌培养期间进行刺孔透气,袋内水分散失较多,通常偏干;加上北方空气干燥,所以泌阳菇农催蕾采取浸水和袋堆盖膜保湿的同时进行,方法如下。

①菌袋浸水　用竹签在菌袋上刺8~12个小孔,然后排放在浸水池内,上面用木板压实,再灌水至淹没菌袋为度。冬季水面至少要超过菌袋20厘米,以防冰冻。浸水时间应根据水温和气温而定,一般要求水温要比气温低5℃以上。尤其是第一潮菇。浸水目的是给菌袋以干湿差和温差刺激,因此浸水时间不能过长,补水过多难以出菇。补水量以菌袋含水率不超过55%为最适。可采取浸泡前后称重的方法进行测定,如原菌袋重4千克,浸水后重量应稍低于4千克为宜。

②集堆覆膜　选择一块距浸水池和菇棚较近的干净、向阳、避风、平坦的场地,先在地上铺一层麦秸,将水池中取出浸

水适度的菌袋,一个靠一个竖立在地面麦秸上,洒适量水后,上面盖一层塑料薄膜和一层麦秸。根据不同天气情况,采取晚上或白天去掉或盖上薄膜、麦秸来调节集堆内的光、热、水、气,以促使现蕾。催蕾期薄膜内空气相对湿度保持85%以上,即见薄膜内壁有水滴往下流;堆温超过25℃时,应及时通风降温,一般通风20分钟左右,以不让菌袋表面菌膜晾干为准。经3~5天连续操作即可现蕾。

3. 割膜选蕾

菌袋不脱袋的好处是可以造成内湿外干的环境,有利于花菇的形成和发育,其麻烦之处是必须逐袋割膜选蕾。具体操作如下。

(1)菇蕾标准 当菌袋现蕾后,幼蕾尚未触及薄膜,菇蕾直径1~2厘米时为宜。

(2)割膜方法 用小刀将幼蕾四周薄膜环割2/3或3/4,薄膜保留,既有利于通风透气,保持水分和遮挡过强的光线,又可使菇蕾顺利长出。

(3)割口时间 幼蕾太小时,对外界环境抵抗力差,不易成活;割口晚了幼蕾太大被薄膜挤压,长大后易形成畸形菇。因此,适时割口开膜很重要。

(4)合理疏蕾 如一个袋上现蕾过密而相互挤压时,应进行疏蕾。选优去劣,把畸形的、不健壮的、丛生的、过密的幼蕾去掉,以每袋保留6~8个菇蕾为宜,尽量使留下的幼蕾保持适当距离,大小一致。

(5)割膜后管理 薄膜开口后幼蕾伸出袋外,仍要集中在地面排堆放2~4天,堆放时注意不要碰着、挤着、压伤幼蕾;把菌袋放斜一点,盖好薄膜和麦秸,适当通风和摆稀麦秸以透光,但要防止大风吹刮。幼蕾已伸出袋外的,在地面堆放几天后,就可进棚上架。刚进棚上架菌袋的幼蕾,对环境的抵抗力弱,要保证选留的幼蕾成菇,温度应控制在 12℃～15℃,空气相对湿度 80%～90%,并给散射光和新鲜空气。出菇正值气候寒冷,要严防幼菇干死、冻死、被风吹死、熏死和烤死。因此,幼菇进棚上架初期 5～7 天内,菇棚的薄膜不宜全部掀去,特别是有风天气更不能掀去,晴朗无风的天气或需通风换气时,可酌情掀掉薄膜几个小时,让太阳直接照射幼菇。

4. 蹲蕾壮菇

蹲蕾的目的是控温促壮,让幼菇个体积蓄更多养分,使菇肉致密坚实,为培养优质花菇打下物质基础。当幼菇长到菌盖直径在 2.5 厘米时,进行控温促壮,一般蹲菇需 5～7 天。此阶段温度控制在 5℃～12℃,空气相对湿度保持 80%～85%,给予适当的光照和充足的氧气。蹲菇阶段棚膜白天是否掀去,要依天气和菇蕾的生长情况而定。无风的晴天和需要通风换气时可揭去薄膜,让太阳光直射幼菇,揭膜时间的长短,应以温、湿、光、气四个因素综合考虑,不能顾此失彼。蹲菇达到手指摸菇盖有顶手感,似花生米硬为度,达到这个标准,其组织坚实、菌盖表皮产生裂纹后,就能培育出优质花菇。

5. 催花保花

(1)催花 催花应在菌盖直径在 2～3 厘米,菌肉致密坚实,菌盖圆整时进行。此时可使裂纹呈龟裂状,育成优质的天白花菇或爆花菇。如菌盖直径大于 3.5 厘米时催花,易形成条状裂纹。小于 2 厘米时催花,易形成花菇丁,培育不出优质花菇。泌阳人在实践中创造了科学催花经验,归纳为:"短加温、长通风、强光照"三字经。具体操作方法如下。

① 短加温 选择晴天夜间,在罩紧薄膜的菇棚内加温、增湿,使棚内温度迅速升高至 25℃左右;同时喷水使空气相

对湿度达到 85％。加温、增湿每次时间 3 小时左右,可连续3～4 天,使菇体表面处于湿润饱和状态,加速细胞分裂,增加活力,使菇体肥厚。

② 长通风 通过加温、增湿后,把菇棚罩膜全部揭开,温度急降,温差 15℃左右,冷风侵袭菇体,使饱和状态的菇盖,又处于干燥环境,形成较大的干湿差和温差,造成菇盖表层与肉质细胞分裂不同步,促使菇盖表皮破裂。如遇 2～3 级微风吹拂,更有利于增加花纹深度。

③强光照 花菇无光不白,光线能促使菇盖裂纹后露白的组织增加白色纯度。因此,必须增加棚内光照。秋冬和早春日照短,晴天全日揭开薄膜,让阳光直接照射在菇体上,促使菇盖加速裂纹露白,形成白花菇。

(2)育花 菇盖表皮裂纹继续加深加宽,白色菌肉呈龟裂状,表皮不生长,只剩下褐色小斑块或全部变白的过程,俗称为"育花"。在幼菇菌盖表皮出现裂纹后,依照上述方法连续处理 4～5 个晚上,晚上 11 时以后在棚内加温排湿 4～5 小时,菌袋内温度达 15℃以上,使幼菇慢慢生长,菌肉加厚、加密,裂纹不断加宽加深,并越来越白。白天晴天时仍将菇棚上薄膜掀去,让冬季的太阳直接照射菌盖,有利于裂纹增加白度。

(3)保花 持续保持低温和干燥的小环境,使菌盖表面一直保持白色不变的管理过程,习惯上称为"保花"。如果棚内空气湿度达 70％以上持续 3～4 小时,而且温度在 15℃以上时,幼菇盖面露出白的菌肉就会再生出一层薄薄的表皮,初形成的表面细胞层很薄,呈茶红色的膜;如若空气潮湿时间延长,且温度合适,表面细胞增多加厚,颜色加深,这样必然把原来的白色菌肉覆盖,天白花菇就变成茶花菇或暗花菇,降低了商品等级。因此,要使天白花菇在生长发育过程中一直保持白度不变,就要防止菇棚内空气相对湿度超过70%。保花过程中,只要空气相对湿度不超过70%,晚上就不需加温排湿。如空气长期干燥时,还要在菇棚内适当加湿,才能保持花菇正常生长。

(4)再生花菇 小棚大袋培育花菇,不仅可培育出上等天白花菇,而且可以收5潮菇左右。因此,采完一潮菇后,要让菌丝恢复生长一段时间,使其再积累营养,以利下潮出菇,称为"养菌"。养菌时温度保持在24℃～27℃较好,空气相对湿度65%～75%,要求遮光、空气新鲜。养菌一般需10～15天。当采菇处长出菌丝变白后,即可进行下茬催蕾。每采完一潮菇后,由于袋内水分消耗和蒸发了一部分,便要进行补水。补水的方法同前。

6. 小棚花菇培育日程

小棚大袋培育花菇全过程需要相应的生态条件,才能顺利地从菇蕾发生到花菇形成。河南省泌阳县康佳食用菌总公司康先坡在这方面作了系统研究,并通过表格形式让栽培者在生产中进行对照操作,详见表2-9。

表 2-9　秋栽花菇培育全过程表

发育阶段	菇盖大小	棚温	棚内相对湿度	光照	通风	技术措施
催蕾（4~5天）	原基分化	温差10℃以上	80%~90%,干湿差15%以上	散射光	早晚各1次	1.检查菌袋含水量是否达50%~55%,不足应浸水至菌袋原重90%。2.加大昼夜温差,干湿差,连续处理5~7天现蕾。夜间气温低于5℃,白天升温,揭膜
划口定位（3~4天）	1厘米左右	10℃±1℃~2℃	85%左右	散射光	早晚各1次	划膜2/3,选优去劣,疏蕾定位,每袋留8~10朵;菇蕾间距4~5厘米,大小一致,分布均匀
蹲菇（5~7天）	2厘米以下	8℃~12℃	80%左右	散射光	小通风	调控温度:高于12℃遮荫,降温,低于8℃增温
初裂（7天左右）	2~3厘米	10℃~15℃	60%~75%	增加光照	大通风	1.调控温度,保持干燥,空气湿度大时严密覆膜,加温排潮。2.挑蕾选优,每袋留6~8朵即可

发育阶段	菇盖大小	棚温	棚内相对湿度	光照	通风	技术措施
催花（3～4天）	3～3.5厘米	温差10～15℃	60%	强光促花	长通风	冬春夜晚12时后加温至28℃,持续3～4小时,然后揭膜降到15℃以下,连续4夜,白天强光刺激。初秋昼光刺激。如空气湿度大时,应推迟催花
保花（15～25天）	3.5厘米	8～20℃	55%～65%	全光育菇	长通风	严格控温,空气湿度大时,严密覆膜,用炉渣吸潮,电风扇驱潮。菇蕾地面铺薄膜防潮,晴天干燥时,白天揭膜通风,增加光照
采收　鲜销	朵形圆整,菇盖直径4厘米以上,菌膜微破,无畸形,无虫害,无老化菇根,含水量适中,及时入保鲜库					朵形圆整,菇肉肥厚,盖直径4厘米以上,菌膜微破,菇肉肥厚,卷边适整,菇柄正中,菌褶米黄或乳白色,菌褶整齐
采收　干制	朵形圆整,不倒,香味纯正					空气相对湿度80%左右,暗光通风7～10天,待菇穴长出白色菌丝为止
养菌补液	1. 每茬菇采收后,保持温度24℃左右,空气相对湿度80%左右　2. 菌袋含水量低于40%时,采用浸泡或注水器补水,浸水后菌袋重量略低于原重,表面稍晾干后再菌膜催蕾					

(九)北方日光温室立体培育花菇技术

我国黄河以北的晋、冀、京、津、陕等地区,气候干燥,昼夜温差大,具有花菇生产得天独厚的自然生态条件,尤其是长城沿线的燕山山脉前盆地区最佳。其关键技术介绍如下。

1.日光温室设施

北方日光温室,俗称塑料温棚,建造标准要求东西向、坐北朝南,方位偏西5°角左右,室宽6.5～8米,长度不限,温室脊高与宽比为1:2.5,前后两室间距不小于5.5米。

(1)墙体 后墙体厚37～61厘米,空心结构,里外抹厚泥,或用保温板建造,预留通风孔。墙内高1.5米,外高2米,后坡仰角45°,前室面呈拱形,东西侧墙厚37厘米,空心,东侧留缓冲间做南门进出。

(2)拱梁 采用钢筋结构、水泥拱架结构或竹木结构3种材料做梁。钢筋、水泥拱架间距1米,竹木拱架间距60～80厘米,2～3道横杆固定,竹木结构的中间要有木柱。

(3)培养架 温室内南北向竹木架或钢筋架,也可以木做桩,8号铁丝横拉线做架,一般3层为宜。底层距地面20厘米,横杆架,菌袋采用横摆或斜摆均可。

(4)棚膜 以聚氯乙烯压延扩幅无滴防老化膜(厚0.09厘米),拉伸强度好,断裂伸长率高,既经济耐用,又比其他盖膜室温高3℃～4℃。

(5)保温帘 宽1.2～1.5米,长度根据室宽要求确定,摆放时压边10～15厘米,单层帘即可。

温室性能指标:冬至季节室温7℃以上,通过加厚草帘、引光增温可达到15℃以上;光照采取调节草帘覆盖比例控制光线多与少,室前面平均相对光照可达到60%以上;抗雪负载20千克/平方米,抗风负载30千克/平方米,最大负载100

千克/平方米。

2. 生产季节安排

北方花菇生产季节分春栽,4月下旬接种菌袋,9月下旬进日光温室转色,10月初至翌年5月长花菇;秋栽,8月下旬至9月初接种菌袋,11月至翌年5月长花菇。按照不同气候特征因地制宜确定生产季节。

3. 选择对路菌株

适于北方高寒地区培养花菇的菌株,春栽宜用长菌龄、晚熟菌株,如241-4,L-393,L-135等,菌龄160～180天;秋栽宜用短菌龄、早熟菌株,如Cr-62,L-087,农7,L-856,中香6号等,菌龄60～75天。注意:两季使用菌株温型不同,切不可误引。

4. 制袋发菌培养

栽培袋采用规格17厘米×55厘米的中袋,25厘米×55厘米的大袋,15厘米×55厘米小袋3种不同规格均可。培养料配方以柞木、栗木的木屑78%,麦麸20%,石膏粉1%,蔗糖1%。按常规方法进行配制,装袋、灭菌、冷却。采取双层套袋,不封接种穴。

发菌培养温度以23℃～26℃为适。春栽低温接种污染率低,但需加温发菌,菌袋度夏注意防高温,8月中旬菌袋刺孔通风,诱引子实体原基形成。秋栽时遇高温,注意通风,疏袋散热、降温。两季养菌后期均需散射光照,有利于原基发生。

春栽的花菇品种菌龄较长,需越夏。高温期发菌应注意的是接种后菌丝圈直径发到8～10厘米时,脱掉外套袋,从接种穴处进氧增温促进发菌;接种10天后,每隔10天翻堆检查杂菌,并变换菌袋位置;发菌期间通风2次(高温期禁止通风),并及时进行降温;保持通风、遮光。

5. 转色入棚诱蕾

采用转色划口不脱袋出菇。春栽的于8月中旬开始打孔通气，促使子实体原基形成；出现转色迹象时给20%～30%的散射光线，加大昼夜温差达8℃以上，转色一半以上时转场搬进温室上架摆袋。此时通常在9月下旬或10月初。搬运时轻拿轻放，防止暴发性出菇。温室经3～5天日晒后喷石灰水，降低酸性环境，防止病源菌污染。秋栽菌龄2个月，约在11月搬进温室上架摆袋，并进行日夜10℃以上温差刺激，诱发菇蕾发生。当菇体长到1厘米时，进行选优去劣，疏蕾控株，用刀片划破袋膜，促进选留的菇蕾伸长。温室内相对湿度保持70%以下，并增加散射光照，使菇蕾正常生长。

6. 蹲蕾保湿催花

日光温室秋季温度往往高于子实体生长的15℃温区，相对湿度均在85%以上。为使菇蕾培育达到肥厚的目的，温度应控制在10℃～15℃之间，可通过调整草帘覆盖度，使室温调节至适于菇蕾生长发育；同时室内底部盖膜要敞开，加大空气流速以降湿，相对湿度控制在60%，维护7～10天，菌盖裂纹，菇体逐渐膨大，达到催花效果。

7. 光氧结合保花

菇盖成花后，白天揭开草帘，让阳光直射菇体，温度10℃～20℃，保持温室内空气流量，有足够氧气。室内空间湿度不超过65%，使菌盖面裂纹逐步加深，增加白度、亮度，保花半个月以上，即可育成优质白花菇。日光温室秋冬育花菇，温度不成问题，而难以控制的是相对湿度，尤其雨雾天气，如果催花保花阶段排湿跟不上，必然造成白花变褐，纹理变弱，形成暗花菇或厚冬菇。为此催花保花阶段，必须认真观察室内空气相对湿度，白天加大通风量，晚上盖膜紧闭保温；雨雾天室内开电风扇,并在各通风口增设排气扇,进行排湿。

8. 四季长花菇管理

北方花菇分为秋菇、冬菇、春菇和夏菇四季,管理上要区别对待。

(1)秋菇 关键是控温,9～10月常有较高气温出现,采取遮草帘、多通风使其降温,室温保持在20℃以下,现蕾前空气相对湿度85%～90%。待菇蕾长到1厘米时,用刀片划破菌袋口现蕾。室内湿度降至70%以下,并增加散射光照的时间。若遇阴雨、雾天不宜揭膜通风,以免使花菇白色裂纹变褐。

(2)冬菇 冬菇管理主要是防寒增温,采用阴阳比例揭帘引光增温,必要时可在日出1小时后全部揭起草帘,日落前半小时放帘保温,使室温达到8℃～20℃,昼夜温差10℃以上。

(3)春菇 春菇管理主要是及时补水补液,争取多出菇、出好菇。经正常的养菌复壮管理后,采用浸水、注水,并加入生长素,补水比例以栽培袋原重的90%左右为宜。若袋膜严重破坏时,可剥掉袋膜补水后重新加上外套袋,再划口现蕾出菇。

(4)夏菇 夏菇主要是降温、防潮、防虫害。可采用室顶外喷水降温,室内撒石灰粉防潮,补水后喷杀虫药剂驱虫。5月底栽培袋营养已损耗90%以上,出菇结束。

北方日光温室立体培育花菇,通过特有的人工保温调控设施,采用架层式立体栽培,便于人工控制温度和温差,有利花菇正常形成;通过随机掌握湿度,保证花菇的质量和产量;适当调节光线,增加花纹的白度;给予适当的风吹,促进花菇的形成和花纹的深度。四者有机地结合应用,以达到北方优质花菇的高品质、高产量和高效益。

（十）畦床埋筒培育花菇技术

花菇埋筒地栽与高棚架栽,两者环境条件有一定差别。其关键技术如下。

1. 选对路菌株

埋筒地栽花菇适用的菌株以 L-939,9015,L-135,沪农 1 号等菌株为宜。其中 L-939 菌株朵大,肉厚,形圆正,产量高,花菇率也高。

2. 把握生产季节

菌袋接种培养 3～6 月,埋筒覆土 9 月下旬至 10 月上旬均可,花菇盛产期 11 月至翌年 2 月。菌袋制作工艺:培养料配制→装袋→灭菌→接种→发菌均按常规进行。菌袋规格长 65 厘米,比常规长 10 厘米,每袋装干料 1.15 千克。

3. 合理埋筒覆土

菌袋经室内培养菌丝达到生理成熟后,搬到室外菇棚内脱袋排场,按照菌筒转色较好的一面朝天,逐筒平卧在经消毒处理的畦床上。畦床两边横排,中间纵排,畦四周留 5～7 厘米空位。采用潮泥沙,掺入 2%～3% 石灰粉,作为覆土材料。覆土时将畦沟湿润的泥土铲至畦的四周空位上,略整实,再将覆土材料撒施在菌筒表面,厚度 1 厘米以上;然后在畦床上方搭拱棚罩膜,保温、保湿。

4. 妥善清理菌床

覆土后不需任何管理,10 天后菌筒转为红棕色,且较均匀。然后用棕扫把或尼龙扫把,在菌床上反复扫平风干的覆土材料,再把菌筒之间的的空隙填满覆土,并浇清水反复冲洗,将出菇面清理干净。

5. 催蕾促花

采取"浇水罩膜催蕾，排水通风促花"，这是埋筒地栽花菇的特点。具体做法是：当菌筒偏干，不出菇或少出菇时畦沟灌水，并用清水直接浇泼到畦面菌筒上，每天 1～2 次，提高菌筒含水量。并拉低拱棚的薄膜，保持小通风，增大畦面小气候，空气相对湿度达 80%～90%，同时加大温、湿差，进行催蕾。当菇蕾大量出现时，即将畦沟蓄水排干，旱地栽培的停止喷水；再将拱棚膜提高进行中通风；当菇蕾直径达 2 厘米时，将棚膜提升到拱形竹片最高点进行大通风，使畦面小气候相对湿度降至 60%～70%，促使菇蕾裂纹成花。

6. 后期补充营养

出菇后期菌筒营养量消耗大，喷洒一定浓度的营养物质和生长调节剂，有显著的增产作用。例如：2% 的葡萄糖或蔗糖，0.2% 的尿素或酵母粉，0.05% 的味精，3% 的草木灰，0.5 毫克/升的三十烷醇，30 毫克/升的柠檬酸等。上述浓度的物质可单独使用，也可混合使用，出菇后期，每采收 1 潮菇后，可补充 1 次营养液，使菇体保持肥厚、优质、高产。

(十一)田野生料菌床栽培花菇技术

田野生料菌床栽培花菇，在辽宁、吉林、黑龙江、内蒙古、甘肃等北方省区获得成功，田野生料菌床栽培花菇具体技术措施如下。

1. 生产季节

生料栽培接种，北方大多数地区在 3 月中下旬进行，温暖地区可提前在 2 月底，高寒地区推迟至下限 4 月底。接种后 2 个月发菌培养，到 5 月份菌丝发透，再经 15～20 天菌丝转色，5 月份后进入花菇产季，直到 11～12 月结束。菌种生产以地栽接种期为起点，倒退 90 天为原种和栽培种制作。

2. 整畦搭棚

选择背风向阳,近水源田野场地,做畦坐北向南,东西走向,畦宽 1.2 米,中间留 20 厘米宽的土隔道,两边各宽 50 厘米,深 10 厘米。挖出土块放于两侧作为埂道,埂高 20 厘米,每隔 20 厘米打拱条作罩膜架。

3. 配料发酵

培养料配方是杂木屑 75％,豆秸 10％,麦麸 14％,石膏粉 1％,含水量 55％。然后置于向阳处堆料发酵,上下塑料薄膜罩严,夜间加盖草帘保温,当堆内料温达 70℃时进行翻堆,再盖好发酵,又达 70℃时即可,要求发透、不生不烂。

4. 铺料播种

常用菌株有 8911,9019,辽香 04,辽香 8,YH8008 等。每平方米投料 40 千克,菌种 5 千克,先将菌种 2/3 混拌于料内,余下 1/3 播于表面。料面中间稍高于两侧,边播种,边压实,边盖膜;然后在盖膜上面覆土 2 厘米厚,并罩好棚膜。

5. 发菌转色

播种后白天采光增温,夜间盖草帘保温,保持棚内 20℃,超温时揭膜通风降温。当菌床表面布满白色菌丝时,可把原覆在薄膜上的土层撤掉,并在夜间揭膜加大温差,加大通风量,促使床面气生菌丝倒伏。床面出现黄水或酱色水珠时,进行喷水,待晾干后再盖膜,一般揭膜后 15～20 天转色即告结束。

6. 催蕾促花

转色后加大昼夜温差,喷水增湿,干湿交替,进行催蕾。当菇蕾长到 3 厘米大时,夜间揭膜 1～2 小时,让冷风刺激;白天罩膜不通风、不喷水,让棚内空气干燥,畦床内相对湿度控制在 70％进行催花。成花后温度保持在 5℃～20℃,晴天揭开草帘,让阳光照射,使裂纹逐步加深,白度亮度显现,优质白花菇即可育成。

东北高寒地区 6～9 月为花菇盛产期,此时气温逐渐升高。气温高时需喷水降温,菇蕾通过催花后形成露白,如果喷水菇盖上面时即由白花转变为暗花,形成矛盾。解决这个矛盾的办法,关键在于催蕾阶段,保持菌袋内基质水分,不要无效蒸发;同时加大昼夜温差,促进菇蕾发生,夜间揭膜让冷风侵袭;白天不通风,不喷水,使棚内空气干燥,刺激菇盖开裂形成花菇。

(十二)谷壳栽培花菇技术

1. 配料工艺

示范配方为谷壳(自然堆积 7 天后使用)30％,木屑(干)48％,麦麸 20％,石膏粉 1％,蔗糖 1％。提前 1 天将谷壳预湿后拌料,含水量保持在 60％～62％。栽培袋为 15 厘米×55 厘米,袋料湿重约 1.9 千克。培养料配制装袋、灭菌、接种与常规栽培相同。菌丝满袋后,表面出现部分瘤状菌丝时,进行刺孔通气。刺孔数量 40～50 个,比常规略少,刺孔深度 1.5～2.5厘米,比常规浅。出菇管理与常规同。

2. 接种成品率

适合谷壳栽培的花菇菌株,采用三明真菌研究所引进的L-135 菌株,要求菌龄适度。接种按常规无菌操作,接种季节 3月上旬。

从福建省南平市建阳课题组 3 年的示范情况看,常规栽培与以 30％的谷壳代替木屑栽培花菇,两者间在接种成品率上无显著差异,详见表 2-10。

表 2-10　接种成品率对照表

项　目	2001 年			2002 年			2003 年		
	接种数（袋）	污染数（袋）	成品率（%）	接种数（袋）	污染数（袋）	成品率（%）	接种数（袋）	污染数（袋）	成品率（%）
谷　壳	10676	686	93.6	18120	916	94.9	28330	2183	92.3
常　规	4665	301	93.5	3420	176	94.9	16740	1009	94.0

3. 菌袋越夏

菌袋室内培养按常规控温、干燥、避光。观察可以发现，添加谷壳的菌袋转色较常规均匀、菌皮厚薄适中，菌筒烂筒率 2001 年、2002 年两年均无明显差异，2003 年连续高温条件下，谷壳原料的烂筒率明显下降，这是由于谷壳疏松透气作用，有利于降温，见表 2-11。

表 2-11　菌袋越夏烂筒率对照表

项　目	2001 年			2002 年			2003 年		
	数量（袋）	烂筒数（袋）	烂筒率（%）	数量（袋）	烂筒数（袋）	烂筒率（%）	数量（袋）	烂筒数（袋）	烂筒率（%）
谷　壳	9990	549	5.50	17204	892	5.18	26147	4876	18.65
常　规	4364	242	5.55	3244	186	5.73	15731	10859	69.03

4. 产量与花菇率

采用 30% 的谷壳代替木屑栽培花菇，在同一菇棚、栽培条件基本相同的条件下，两者间产量及花菇率均无显著差异，见表 2-12。

表 2-12 示范产量及花菇率对照表

年 份	项 目	上架数量（袋）	总产量（千克）	花菇数量（袋）	平均产量（克/袋）	花菇率（%）	备 注
2001	谷 壳	1849	961.5	605	520.0	62.9	统计至 3 月 3 日止
	常 规	882	460.3	282	521.9	61.2	统计至 3 月 3 日止
2002	谷 壳	2327	1399	694	601.2	49.6	统计至 3 月 17 日止
	常规	517	308.5	155	596.7	50.2	统计至 3 月 17 日止

注：表中数据由示范户陈荣禄 2001 年、2002 年两年记录数据统计而来

（十三）花菇培育中常见的问题与排除

1. 误引菌种不长花菇

误引花菇菌种常有两种情况。一是栽培者没掌握当地海拔高度和适用菌株的基本知识，片面听信传闻某菌株产出花菇率高而盲目引种；二是制种户在供种时，没当好菇农的参谋，盲目推荐"离谱的菌株"，甚至有的不守职业道德，为推销积压的菌种，以桃代李，损害菇农利益。有的虽然引种对路，但菌种质量低劣，菌丝老化等。误引菌株，对花菇生产十分不利。如高海拔山区本应选用低温型、长菌龄的菌株如 L-939，L-135，9015 之类，而误引高温型、短菌龄的菌株，由于菌株特性和温型不适栽培区域，所以不长花菇，只长光面菇；而低海拔地区误引低温型、长菌龄的菌株，也同样不长花菇。

误引菌株影响花菇产出，首先必须经过确认后，及时采取措施加以补救。高海拔山区误引高温型菌株，如 Cr-0，4，Cr-20 等进行架层式栽培时，可采取改造菇棚，如增添加温设施，同时把菇棚上方遮阳物摆稀，引光增温，使棚内温度能保持在 15℃～20℃之间，创造一种适温环境。由于高温型菌株，菇盖菌膜较厚，所以在变温催蕾之后，进入催花期时，必须适当提高棚内温度，加大通风量，创造较大的干湿差，促使菇盖破裂

成纹。在催花时间上,比普通菌株增加 1～2 天,促使成花。

低海拔平川地区,误引低温型、长菌龄的菌株,如 L-939,L-135,9015 等用于棚架栽培花菇时,由于长菌龄的菌株春接种,越炎夏,低海拔地区气温高,菌丝受到严重损伤,很难长花菇。挽救办法,必须改棚架栽培为脱袋埋筒覆土栽培,借助土壤的生理辅助作用,促进菌丝恢复。通过地面自然湿度和人为创造干度,进行干湿交替和温差刺激,也可照常长花菇。但花菇率比例少。人工催花和保花具体办法可参照埋筒覆土培育花菇进行管理。

2. 形成白花纹后又变色

(1)创造干燥条件 催花裂纹后,菇棚内的空气相对湿度要求由原来 80%～90%,迅速调低,如能控制在 50%～60% 最为理想。若遇雨雾天气,必须盖密棚顶塑料薄膜,防止外界雨雾侵入棚内增加湿度;同时应加温排湿,否则在几小时内,也会使裂口表皮愈合,花纹模糊,出现浅红色、茶水色、红褐色。在创造干燥环境,防止外界侵入湿度外,还要注意棚内的防潮,地面最好铺油毛毡或煤渣吸潮。

(2)保持适宜温度 干燥还得配合适温,才能使菇盖裂纹不断加深。催花后进入裂纹期,温度应控制在 12℃～15℃ 之间。一般催花多处于晚秋,此时自然气温正适宜,若气温过低,可把薄膜罩严或采用燃料等加温,使其升高温度。

(3)保持光照刺激 催花后的菇棚,照常实行强光刺激,使裂纹增白,并加速裂深。北方从冬季 12 月至翌年 3 月培育花菇,除阴雨天盖膜防湿外,一般可实行整天揭膜,全日光照,使菇盖裂纹没有任何愈合的机会。而南方日照长,控光有所区别,按日气温而定,在 10℃ 以下时,宜"七阳三阴";15℃ 时可"半阳半阴";20℃ 以上时"三阳七阴";在 15℃ 以下,要求强烈光照刺激,使其形成裂纹深、花纹美的优质天白花菇。

(4)排除有害气体　有害气体使菇褶发黑影响花菇品质。为此催花加温时,首先选用优质煤,同时注意打开棚顶的通气窗,让二氧化碳从气窗排出。最好采用管道加温,避免有害气体侵袭棚内。温度应控制在25℃以内,使菇盖和菌褶上下同步正常生长。

3. 花菇产量少,光面菇多

花菇培育过程不少地区出现花菇产出比例小,而光面菇产出比例大。其主要原因和应采取相应的补救措施如下。

(1)母体基质偏差　低温型、长菌龄菌株的菌袋,春接种、秋长菇,菌袋需越夏。由于度夏管理不善,菌丝受高温折磨严重受伤,菌袋内水分下降。虽经后期培养,表层菌丝恢复,但转色较差;也经温差刺激,但花菇产量少,朵形大,肉质偏薄,而大都长光面菇。解决办法是此种类型的菌袋,不可实行大棚架层栽培,只宜采取脱袋埋筒覆土,利用土壤中的微生物和地温、地湿;同时在菌袋表面喷洒营养液,如花菇增产素之类,并按照出菇管理要求,使菌丝尽快恢复强壮,转好色,仍可长出花菇。

(2)催花湿度失当　催花阶段遇下雨天,排气通风没跟上;或晴天喷水偏过多,使拱棚内湿度恒定在80%以上。湿度偏高,菇盖表面菌膜逐步增厚,裂纹浅淡或不裂纹,就难成花,导致菇盖平面光滑,产出光面菇。解决的办法是晴天把拱棚罩膜揭开,加大棚内通风口,增加风扇和排气扇,使棚内空气流通,排除超高的湿度。如若是下雨天,拱棚罩膜四周敞开,留上面遮雨,并在棚内加大气流量,降低湿度,最好将相对温度控制在75%以下,有利于催花。

(3)光照度偏弱　有些栽培者把花菇培育和常规栽培菇

棚遮阳等同起来，因此棚顶遮阳物过厚；或埋筒地栽夏菇，光照度不到100勒。花菇多长于秋、冬，日照比春夏短，加上遮阳物过密，缺少光照，影响花菇生成。解决办法是严格按照花菇生长对遮阳设施的要求，对过于暗淡的菇棚，可将棚顶遮阳物摆稀，引进光源。尤其催花之后进入保花期，必须有足够的光照，在日照较短的地区，可在中午拉开遮阳物，实行全光照3～5小时，有利于提高菇盖裂纹白度和亮度。

4. 排除培育花菇的污染

山东省定陶县食用菌开发办公室，采取管道加温方式，有效地避免了有害气体对花菇的危害。这种管道规格近似圆形，有大小头之分，大头内径26厘米，外径29厘米；小头内径23厘米，外径26厘米，管长50厘米。安装时，菇棚门口垒1个简易燃煤灶，煤灶每小时燃煤7～10千克。另一端墙外垒1个烟囱，底座50厘米×50厘米，高2.5米以上。煤灶与烟囱之间用上述管道相连。管道大小头相连。从煤灶起第一节管道距地面20厘米，接口处密封，防止漏烟，6米×3米×2.2米的菇棚设1个管道即可。使用时煤灶生火，通过管道散热，有害气体及煤烟直接通过烟囱排出棚外，使棚内保持空气新鲜，即能达到花菇生长所需的温度，又可杜绝有害气体的污染，而且棚内不同高度温差小，升温均匀，加温速度快，效果好。

三、反季节夏产出口菇栽培技术

反季节栽培，是在自然条件不利于香菇正常生长发育的季节，进行制种与产菇，借助栽培保护设施，创造适宜的生态环境，排除和抵御不良气候环境对香菇生产的影响和危害，并加以人工强化调控，来满足香菇生长发育所需的基本条件，使之在夏季照常生产香菇,获得优质、高产的结果。

近几年来,反季节栽培在福建形成了生产和出口基地,每年盛夏 6~9 月为国内外市场提供大量鲜菇,通过空运、海运,销往日本、韩国、新加坡、法国、美国、比利时等国际市场,以及国内城市供应,受到消费者欢迎。市场紧俏时,鲜菇价位相当于干菇水平。同时反季节栽培,尤其是埋筒覆土方式栽培,产出的香菇商品性状好,经济效益高,而且操作简单,管理方便,节省工力,因此菇农易于接受,是我国香菇高效栽培技术上的又一创新,很有推广的价值。

(一)反季节栽培方式

我国现行香菇反季节栽培有以下 3 种方式。

1. 高山种菇,露地排筒

此种栽培方式起源于福建省屏南县,栽培场地选定在海拔 700 米以上高寒山区,夏季气温正适于出菇温度的要求。采用中温偏高或高温型菌株,早春制袋接种,室内养菌,清明后搬进野外菇棚与常规栽培一样进行脱袋排场,转色出菇。这个县每年栽培量 5 000 多万袋,夏菇商品性状好,80% 符合出口外销标准。此种栽培方式,不仅适于南方高海拔山区,而且在长城以北的北方省区,以及东北各地夏季月平均气温不超 28℃ 的地区均适宜。

2. 埋筒覆土,遮荫控温

这种栽培方式是利用地表与空间的自然温差,加之制约不良气候的遮阳设施,选用高温型菌株。冬末春初接种,室内养菌,立夏进棚脱袋埋筒覆土,夏季出菇。打破了"种夏菇上高山"的观念,为一般低海拔地区发展夏菇生产开创一条新路子。福建省长汀县近 10 多年来共栽培 4 亿袋,平均单袋产值都在 5~6 元,比常规栽培的产品升值 1 倍多。埋筒覆土培育夏菇,在一般海拔300米以上的小平原地区较适。无论是南方或北方,夏季7～9月份,月平均气温不超28℃的地区均可栽培。而海拔较低,夏季温度超高的地区不宜采用,因香菇子实体生长温度5℃～25℃,超过30℃子实体无法形成与发育。香菇埋筒覆土栽培现场彩图7。

3. 利用水库,竹排漂浮栽菇

此种栽培方式起源于湖南省浏阳市。利用水库水面的特殊气候,菌袋生产按常规,将菌丝生理成熟脱袋转色后的菌筒,装入竹筐架(架宽1.5米)内,摆放在水面的竹排上,周围设30厘米围栏。菌筒离水面3厘米左右,围栏上盖茅草遮阳。当炎夏地面温度35℃时,水面菇床气温仅有25℃,夜间早晨雾气笼罩,非常适宜出菇,因此,在低海拔地区6～10月高温季节照常长菇。这种低海拔夏季长菇方式,局限于水库的水面。

(二)反季节栽培生产安排

香菇反季节栽培的目的,是产品"逆向入市",要求在夏季照常大量产菇。为此生产季节应以5月菌袋进棚排场起,往后倒退3～4个月,为菌袋接种期,再往后倒退3个月为原种和栽培种制作期。通常在每年10～12月就开始菌种生产,翌年1～2月进行菌袋接种培养,到5月菌袋进棚脱袋排场转色出菇,夏季盛产,延续至11月份结束。

海拔高低栽培方式不同,生产季节也有距离。福建省屏南县多在海拔700米以上高山实行露地立筒栽培,其菌袋生产安排在12月下旬至翌年2月上旬进行。此时气温低,菌袋成品率高;发菌培养时间较长,一般需3～4个月后菌丝生理成熟,到清明后4～5月间,气温暖和进棚脱袋排场,5～11月为产菇期。

小平原低海拔和北方地区,适于使用埋筒覆土栽培。其菌袋生产宜于1～2月进行,经过室内养菌3～4个月,至5月上旬进棚脱袋埋筒覆土,6～11月为产菇期。海拔较低的平川地区,可提前于12月下旬至翌年1月上旬制袋;而北方高寒地区,早春气温较低,菌袋生产可适当推迟到2～3月份进行。

安排生产季节时,必须因地制宜,根据栽培方式,参照当地气候,以初夏适于长菇气温(15℃)作为始菇期,以此为界,往后倒计90～110天作为菌袋制作接种期。这样确保菌袋生产与培育处于最佳期,适宜夏季长菇。

(三)夏季生产出口菇适用菌株

1. Cr-04

福建省三明真菌研究所选育。子实体大朵型,朵型圆整,菌肉肥厚,菌盖为茶褐色,有鳞片,有时盖顶有稍突起的尖顶,柄中粗,稍长(见彩图3-1)。出菇温度范围为10℃～28℃,最适18℃～23℃,适温下培养菌龄70天以上,适宜的接种期为1～4月,出菇期5～11月。其抗逆性强,适应性较广,适宜在中高海拔地区使用。

2. 广香47

广东省微生物研究所选育。子实体朵型圆整,盖大肉厚,菌盖黄褐色,柄中粗,稍长。出菇温度范围为14℃～28℃,最适温度14℃～24℃,菌龄70天,适宜的接种期为2～5月,出菇期5～11月,出菇高峰分别在5～6月以及9～10月。可在中高海拔地区使用。

3. 8001

上海市农业科学院食用菌研究所选育。子实体单生,朵型圆整,中大朵型,肉质肥厚,菌盖茶褐色或深褐色,柄粗,稍长。出菇温度14℃～26℃,最适出菇温度为16℃～23℃,菌龄70

天以上,适宜接种期 2～4 月,出菇 5～11 月。

4. 武香 1 号

浙江省武义县食用菌研究所选育。子实体大朵,菌肉肥厚,菌盖色较深,柄中粗,稍长。其最大的优点是在 28℃的高温条件下能大量出菇,最高上限至 34℃,出菇温度范围 10℃～30℃,最适出菇温度 16℃～25℃,菌龄 70 天。适宜的接种期为 3～4 月,出菇期 5～11 月。其抗逆性强,一般地区可作为夏季出菇的首选品种。

5. 8500

福建省农业科学院土壤肥料研究所选育。子实体单生,朵大肉厚,柄粗,菌盖深褐色。出菇中心温度 13℃～26℃,产量高,单菇鲜重 250 克左右,含水率低,折干率高。适于脱水加工出口菇,干品浓香。

6. Cr-20

福建省三明市食品工业研究所选育。中大朵型,单生,菇肉肥厚,形圆整,柄正中,菌盖棕褐色,有明显鳞片,抗逆力强。出菇中心温度 12℃～26℃,秋春出菇,产量稳定,生物转化率高,是鲜菇和脱水加工出口菇的优良菌株。

7. 苏香 1 号

江苏省农业科学院微生物研究所选育。单生,朵形中大,菌盖茶褐色或深褐色,柄中粗较短,菇质好,抗逆力强。出菇中心温度 10℃～25℃,春夏长菇,菇量多,产量高,适于加工脱水出口菇。

8. 厦亚 1 号

福建省亚热带植物研究所从台湾鲜菇中分离筛选获得。大朵型,朵圆整,肥厚,颜色深褐,抗逆力强。出菇中心温度 10℃～25℃,夏秋出菇,适于鲜菇保鲜出口和加工干品。

9. 兴隆 1 号

河北省兴隆县科研部门选育。耐高温,生物转化率高,北方高寒山区理想的夏菇菌株。朵大形好、肉厚,商品性状适合保鲜出口,成品率达 80% 以上。此外辽宁、吉林、黑龙江等东北各地,均有选育适应当地反季节栽培的菌株,可就地引用。

我国地域辽阔,各地气候差异甚大,同一个地区的海拔高度又都不一。为防止误导,在这里特别强调,引进菌种时必须认真掌握一个原则:适合反季节栽培的香菇菌株,不论其是什么代号,只要是属于中温偏高型或高温型的菌株,其菌丝耐高温,出菇中心温度以 15℃~28℃ 或 15℃~30℃ 为妥。对于中温偏低或低温型菌株,如 Cr-02,L-856,L-087,Cr-62,L-939,L-9015,L-135 等都不宜用作反季节栽培的菌株。否则在盛夏子实体难以形成,或长出劣质菇,导致失败。

(四)低温制袋发菌培养

1. 菌袋含水量稍高

常规制袋是初秋气温高,水分蒸发量大,且杂菌活力强,其培养基含水量,一般为 55%~58%;而反季节栽培是冬末初春气温低,没有上述 2 种不良因素,且发菌培养时间长,所以菌袋含水量可比常规高 2%~3%,要求达到 60% 较为理想。

2. 接种穴打法不同

常规料袋接种穴是两面交叉共打 5~6 个穴,而埋筒地栽只要打 3~4 个,且穴口限于一面。穴口朝天,背面菌丝体埋在土壤内,有利均衡吸收养分水分。

3. 寒流期防止冻菌

反季节栽培可以在 12 月至翌年 2 月接种,其有利一面是菌袋成品率高;但负面的是气温低,菌丝生长缓慢,遇到浓霜寒流时,常出现菌丝受冻害。为此,发菌期必须采取菌袋密集堆叠,上面加盖薄膜和采取适合的加温措施。

4. 协调保温与通风

低温养菌中常出现为了保温,门窗紧闭密不通风,加之煤火加温,室内有害气体浓度骤增,对菌丝发育十分不利。保温固然是低温发菌的重要措施,但通风是菌丝生长不可缺少的条件。解决这个矛盾,可采取中午温度高时进行短时间通风,一般通风 20～30 分钟,更换室内新鲜空气。通风后发菌室内温度下降,可继续加温。但注意不宜早晚通风,因早晚气温低,室内外温差大,养菌阶段不需温差刺激,以免造成局部过早出现原基,影响正常发菇。

5. 刺孔增氧

一般结合翻堆进行菌袋刺孔增氧,俗称"放气"。刺孔目的是增加袋内透氧,促进菌丝加快生理成熟,具体分以下 3 个阶段进行刺孔。

(1)放小气　结合第二次翻堆时进行,可用牙签或细铁丝刺孔,每个接种穴周围刺 3～4 个孔,注意刺孔不能太边太深,对料偏松偏干的菌袋,可暂不刺孔,严防杂菌进入。

(2)放中气　结合第三次翻堆进行,每个接种穴周围再刺 4～5 个孔,注意事项同放小气。

(3)放大气　当菌丝发满菌袋 10 天以上时进行。用钉有多枚铁钉的木板拍打菌袋。可 1 次进行拍打菌袋 3 个面(接种面不放大气),也可多次进行。注意偏湿偏紧的菌袋应多刺孔,刺深孔;偏干偏松的菌袋少刺孔。菌袋刺孔增氧后,温度升高,注意疏袋和通风,严防烧菌。气温 28℃ 以上一般不要大规模放大气。

（五）进棚脱袋排场

反季节栽培菌袋接种多于冬季及早春进行，此时气温低，室内需要加温发菌培养，如果是 12 月下旬至 2 月份接种的，其菌丝生长很慢，养菌需 3～4 个月时间；如若 3 月上旬接种，气温有所回升，经加温培养 2 个月即达生理成熟。因此无论是冬季接种或早春接种，到 5 月份一般菌丝已生理成熟，应及时搬入菇棚内脱袋排场。

1. 搭建荫棚

反季节栽培处于夏季长菇。因此，对菇棚有特殊要求。

（1）选场　场地应选择海拔较高，环境干净，夏季凉爽，周围有树木或竹类更好，竹木茂密的山沟最为理想（彩图 18）；水源充足，水质干净，最好是泉水（或井水）；土质疏松，排灌容易，无白蚁，晚稻田更好（有喷水条件的旱地亦可）；要交通方便。

（2）整畦　畦宽 1.3～1.5 米，畦沟宽 50 厘米，畦高 20 厘米，畦间距 50 厘米，做人行道兼作浸筒水沟，全场畦面同一水平。若是老菇棚要提前清理，翻耕灌水，并撒施石灰粉，按每 667 平方米用 60～100 千克，进行杀菌和促进土壤透气。畦面整成龟背形。

（3）搭棚　每两畦立一排柱于畦沟边，柱高 2.7 米，其中埋地 50 厘米，棚内高 2～2.5 米。再用竹尾、竹片、细木棍、竹枝等纵横架密，上面覆盖杉枝、芒萁、茅草等。如果覆盖遮阳网，网上加铺芒萁等更佳。棚的东西面围得密些，南北面可稀疏些。菇棚外围可栽长藤蔓的豆、果、小瓜等经济作物。

2. 脱袋排场

脱袋排场主要掌握以下技术。

（1）脱袋时间　脱袋排场应依栽培地的气温而定，南方高山地区 5 月份日平均气温 15℃～20℃之间,小平原低海拔地区在 20℃～25℃之间。脱袋排场时间,应掌握适合中高温型菌株的出菇最佳温度。如果过早脱袋排场,一是高山地区气温偏低;二是菌丝体生理成熟度不够,菌筒转色困难,且易出现烂筒;如果推迟脱袋排场时间,菌丝体过于成熟,误过长菇期,表层菌膜增厚,菌丝老化。特别是小平原低海拔地区,入夏后气温超过 25℃,对埋筒转色不利。

(2)菌丝成熟度 反季节栽培方式不同,菌丝体的成熟度也有差异。高山地区与常规栽培实行畦床斜靠排袋的,其菌丝生理成熟特征是菌丝体瘤状突起占袋面 2/3,手触菌袋有松软弹性感,局部开始转色,菌袋达到这个标准即可进棚脱袋排场;小平原低海拔地区采用埋筒覆土栽培的,脱袋不宜太早,如果菌丝未达到生理成熟,抗逆力弱,难转色、易散筒,因此脱袋要适时。

(3)畦床消毒 埋筒的场地,以土质疏松的砂壤土和排灌方便的稻田最佳,无白蚂蚁为害的山坡也可。畦床要整平实,埋筒前 5 天进行床面消毒,可采用高锰酸钾 600 倍液喷洒 1 次。也可按每 100 平方米地面,撒石灰粉 2～3 千克,杀灭害虫与杂菌。

(4)脱袋排场方式 根据栽培方式不同,排场有别。露地搭架斜靠菌筒长菇方式的,可参照常规栽培。将菌袋脱掉薄膜,把菌筒斜排于畦床的排筒架上,菌筒之间距离比常规稍宽 1～2 厘米;采用埋筒覆土长菇方式的,菌筒紧靠地面平卧于菇床上,菇床宽 1.4 米,两边横排 2 袋,由头至尾,菇床中间采用直向卧排满畦,筒与筒靠紧不留间距,使整个菇床形成菌筒床面,每 667 平方米地面可排放 8 000 筒左右。排筒时应区别菌筒成熟度进行脱袋。一是菌袋大部分已转为赤褐色的,进行一次割膜脱袋;二是瘤状菌丝仅有转色趋势的,在袋膜上宜割一条裂缝,缝朝畦面,待菌丝转色后再脱袋。凡是杂菌污染的菌袋,应挑出另处排筒覆土。

(六)菌筒转色催蕾

1. 露地立筒栽培转色管理

菌筒转色与脱袋时间和环境气候有关。反季节栽培脱袋应在气温17℃～22℃,于阴天脱袋。在海拔800～1 000米地区,以5月下旬至6月上旬进行脱袋转色为宜;在海拔600～800米地区,以5月中下旬脱袋转色为宜。若延误脱袋时机,遇上高温季节,往往难以转色。在菌筒转色过程中,渗出的黄水要及时处理,防止烂筒。遇上闷热天气,应把菇棚四周的薄膜掀开,通风降湿,防止霉菌侵害。

2. 埋筒覆土转色管理

埋筒覆土栽培比常规简便,其转色管理与露地竖筒栽培不同。

(1)利用土壤功能　实践表明土壤对香菇埋筒好处很多。

第一,土壤中含有各种微生物产生的抗菌素和激素,以及大量的微量元素,尤其是假臭单孢杆菌,可刺激香菇菌丝扭结、提早出菇。

第二,土壤为菌筒提供水分,具有保湿功能;同时土壤可改善菌筒基质微环境的pH值,降低菌丝生长过程中产生的代谢酸浓度,有利于菌丝营养生长。

第三,埋筒地栽只打3～4个接种穴,并集中在一个面上。同时接种穴口向上,覆土后有利于菌丝对培养基质的分解和吸收,积累丰富的养分,使菇体结构致密、朵大、形好、商品性状较佳。

第四,埋筒覆土具有降温的特殊功能。夏季外界温度

30℃时,地表温度只有 25℃,相差 5℃,创造了有利于夏季长菇的适宜温度;而且棚内小气候环境相对稳定,长菇期受外界气温变化的影响不太大。

第五,覆土的屏蔽作用,可有效克服虫害;同时由于菌筒覆土,床面长菇,使子实体生长不拥挤,养分集中,有利于提高香菇产量和品质。

第六,覆土便于施用营养剂,起到营养及保温作用,有利于采收后菌丝尽快恢复活力,促进菌丝体养分积累,再生菇的转潮快。

(2)埋筒覆土方法 为使出菇集中筒面,防止筒与筒之间缝隙透气,长菇不齐,排筒后要进行筒缝间覆土。覆土限于封满筒缝,土粒以不粘菌筒为度。覆土的土质以疏松,吸水后不板结,毛细孔多,保湿性能好,无杂菌和虫卵的潮沙性土壤为好。按 100 千克的覆土,掺入 2～3 千克石灰粉拌匀,或用碾细的火烧土作覆土,一般每 667 平方米面积的畦床,需覆土6 000 千克左右。

覆土操作方法是先将畦床泥土铲至畦床四周空位上整实,再将覆土材料撒施在卧排好的菌筒上面,覆土层厚 1 厘米。然后用塑料扫把或棕扫把,把覆土材料扫入菌筒之间的缝沟中,使菌筒表面保留 6 厘米左右的无土干净长菇床面;最后将畦床两旁的筒头,用泥土封好即可。也可以在覆土后 3 天,用喷水壶在菌筒上面来回喷水补湿,使筒缝间的覆土落实填满,菌筒边旁下部和底部的菌丝不露空间,有利于发挥地湿的作用。覆土后在菇床两边,按 1.5 厘米间距处,用拱型竹片横跨菇床插成拱架,罩好塑料薄膜,可以采用 4 米宽幅的薄膜,配制成 2 拱 1 棚或数拱 1 棚。

(3)菌筒转色管理 埋地菌筒的转色比常规管理简便些。

埋筒主要靠土壤温度、湿度,有利于菌丝加快生理成熟。脱袋排筒后菌丝在畦床适宜小气候环境条件下锻炼复壮。这种排筒炼菌的时间通常为 3～6 天。排筒后应及时罩好小棚盖膜,防止菌筒表皮被风吹脱水,早晚揭膜通风,3 天后加大通风量,使菌筒接受新鲜空气。覆土后注意观察气候变化,如果棚内温度超过 25℃时,应揭膜通风,或中午用井水喷雾降温,5 天后每天上午掀动盖膜通风。埋筒栽培转色靠地湿和自然温度,一般不必喷水。如果遇到过分干燥晴天,可向空间喷洒雾化水,创造湿润环境。罩膜棚相对湿度保持在 85% 左右,以薄膜内有雾状,呈现水珠即可。切勿喷大水,这一点与常规水分管理不同。转色快慢看气温和湿度,正常情况下,7～10 天筒面呈现红褐色,即转色结束。

(4)催蕾措施　菌筒转色后进入生殖生长,其催蕾方法与常规基本相似,需要温差刺激,白天盖好拱棚罩膜,为防雨有的整棚铺膜。埋筒栽培的以昼夜温差刺激。催蕾方法有。

① 拍打催蕾法　菌筒转色形成菌被后,可用竹枝或塑料泡沫拖鞋底,在菌床表面上进行轻度拍打,使其受到震动刺激。拍打后一般 2～3 天菇蕾就大量发生。如果转色后菇蕾自然发生,则不宜拍打催蕾。因为自然发生的菇朵大,先后产出,菇质较好。拍打刺激后菇蕾集中涌出,量多、个小,使采收过于集中。

② 喷水滴催蕾　用压力喷雾器向棚顶上方膜薄喷水,使水珠往菌筒下滴,利用地心吸力使水滴落地轻度震动刺激。如是小拱棚,可用喷水壶喷洒,淋水刺激。水击后注意通风,降低湿度,使其形成干湿差。埋地菌筒能自然吸收土壤内的水分,因此它不能象常规栽培一样用清水浸筒催蕾。这一点常规栽培完全不同。

③ 保持适宜气温　无论采取哪一种形式催蕾,都必须掌握晴天上午气温相对低时,进行拍打或水击。因温度高对原基分化不利,如果强行刺激,出现的菇蕾个小,且易萎蕾。因此必须注意了解气温,抓准适温机会催蕾,下雨天不宜催蕾,以防烂蕾。

(七)夏菇生长管理措施

夏菇无论是畦面立筒栽培或是埋筒覆土,其长菇阶段正值气温较高季节,对子实体生长发育不利。根据主产区经验,主要措施如下。

1. 疏蕾挖株

埋筒菇第一潮正值5月下旬至6月,此时气温适宜,菇蕾丛生,如果任其发育,会使朵小肉薄,不符合保鲜出口的品质要求,为此必须疏蕾。操作方法是对菌筒表面密集的菇蕾,每袋选择蕾体饱满、圆正、柄短,分布合理的6～8朵,多余的菇蕾用手指按压致残,不让其发育,使菌床产菇分布合理,吸收养分水分均匀,确保菇品的优质。

2. 遮荫控光

夏季日光强烈、菇棚温度高,为此,荫棚要加厚遮盖物。用茅草、树枝等加盖,避免阳光直射。其光源靠四周棚壁草帘缝中透进弱光,一般控制在"一阳九阴",使整个菇棚处于阴凉昏暗状态。夏季菇棚场地的选择,以旁山依水,空气流畅,光照不强的山坳、河旁为宜。如果光强过大,温度升高,菇体变薄,色泽变黄,影响品质。

3. 增湿降温

白天在畦沟内灌流动水,夜间排出,并保持浅度蓄水降温。但要注意水量的下限,一般距畦床面20厘米,以防蓄水浸蚀菌筒。菌筒较干时,可用清水直接浇到菌筒上,一般每天1

次,晴天可多浇些。下雨天及时排除畦沟积水。高温时可采用每天早晚用泉水、井水等温度较低的清水,向棚顶、四周和空间喷雾,使棚内凉爽。

4. 加强通风

无论是哪一种栽培方式。夏菇进入子实体生长期,其前期罩盖在畦床上的盖膜不宜密罩,如是 1 拱 1 棚或是 2～3 拱 1 棚的,都必须把四周薄膜卷离畦床 30 厘米以上,使畦床之间空气流通。闷热干燥天气,白天不宜盖膜。如果紧罩薄膜气温升高,二氧化碳浓度增加,必然引起萎蕾烂菇。夏季雷阵雨较多,注意加强通风排湿,可将菇棚四周屏敞遮荫物打开一个通风口,让棚内空气流通。同时注意检查盖膜有无破洞,漏雨水淋菌床,避免高温、雨淋造成烂菇烂筒现象。

5. 经常检查

每天结合采菇,注意观察,发现病虫害或萎蕾、烂菇,应及时摘除,并把烂根铲除,局部用石灰水擦净,防止传播蔓延。要强调的是长菇期禁用农药,以免污染菇体。

6. 采后再生

夏菇长速较快,从菇蕾到成菇一般 1～2 天,气温高时半天完成,为此采收是 1 天采 1 次,盛发期早晚各采 1 次,保鲜出口菇每天采收 4 次,如果稍延几小时即开伞,不符合保鲜出口标准,这一点与常规差别大。一潮菇采收后停止喷水,延长通风时间,让菌筒休养生息,同时对部分营养不足的菌筒,可用菇得力、稳得富等增产素 100 倍液喷施,以增加菌丝活力,提高再生菇产量。待采菇部位重新长出白色菌丝时再催蕾。7～8 月高温期间应以养菌为主,避免催菇,否则损伤菌丝,易引起烂筒。

(八)夏季水库漂浮长菇管理方法

水库水温低,经测试,当炎夏地表气温达 35℃时,水面菇床小气候在 25℃以下。夜间、早晨雾气笼罩,非常适宜长菇。因此,在 5～10 月可不断长菇,整个过程未发现杂菌侵染,无虫害,鲜菇品质好。其方法是,先扎制好竹排,再用楠竹扎成长方形框架,宽 1.5 米。根据竹竿承受能力决定竹竿之间的距离,铺上竹片,周围设置 30 厘米高的围栏。按不同季节确定竹排摆放在水库的位置,初夏向阳为好,盛夏早秋宜选阴凉处。菌筒卧排于竹排上,并加绑竹竿,使菌筒底部离水面 3 厘米左右,围栏上方盖茅草帘。若长时间下雨,要盖膜防止菌筒过湿;高温期草帘加厚并泼水增湿,创造一种十分适于香菇生长的环境条件,所以收成很好。

四、周年制四季产菇栽培技术

随着"南菇北移"的发展,我国香菇生产区域扩展到华北、西北和东北各地,迅速地形成规模生产,并成为北方食用菌栽培中的一个主栽品种。河北省平泉县 2003 年香菇产量达 8 000 吨,辽宁省新滨、桓仁、建平等县成为东北香菇生产基地。北方昼夜温差大,气候干燥,在人工调控下,便于加大湿差,有利周年制四季培育出优质香菇。这里介绍北方四季产菇及南方采取特殊方式产菇的实用技术。

(一)日光温室四季产菇栽培法

北方各地充分发挥自然优势和利用日光温室,实现了香菇周年制生产四季长菇效果。

1. 日光温室结构

北方气温春、夏、秋有利于长菇,而冬季寒冷,靠自然气温长菇难度大；采取日光温室，又称塑料温室栽培香菇，实现了周年制栽培四季长菇的理想效果(图 2-5)。

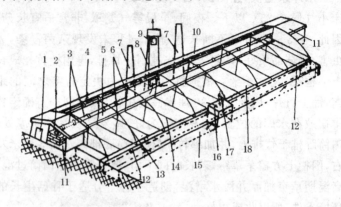

图 2-5　节能日光温室结构示意图

1. 门　2. 地火　3. 烟道　4. 草帘　5. 通道
6. 立柱　7. 烟囱　8. 排气管　9. 换气扇　10. 泥灰屋顶
11. 地火与值班室　12. 进风口　13. 钢架　14. 操作道　15. 进风道
16. 预风道口　17. 菇室及塑膜　18. 菇畦

(引自王柏松、梁枝荣、江日仁)

经调查北方类似这样的日光温室，在无取暖条件下，最冷的 1 月份室温最低在 5℃以上，白天因塑料薄膜透光增温，室温最高可达 15℃～17℃，日平均温度 11℃～13℃。如果加温，室温很易满足香菇发菌和出菇要求。夏季因温室顶上遮荫，白天室内最高温度为 24℃～25℃，比室外温度低 4℃～5℃，夜间室温为 15℃～20℃，与室外温度持平，室内日平均温度 19℃～22℃，适宜中高温型香菇子实体生长。节能日光温室具体建造方法如下。

(1)场地选择与温室结构　场地应选择背风向阳、地势较高的地方。首先挖东西长 50 米、宽 10 米、深 60～80 厘米的地坑。然后在四周砌砖墙,南墙高1米,北墙高2.5米,在地坑内距北墙3米的地方,每隔3.5米竖1根高3米的立柱,地坑内共竖14根立柱;上固定横梁,横梁向北侧墙架椽条,修筑成泥灰屋顶;横梁向南侧墙架角钢架,并焊接成整体,在钢架中间,每隔3.5米竖立1根抵柱,以支撑钢架身的重量。钢架上面覆盖塑料薄膜和草帘。地面北边筑通道,宽1.4米;南边筑南北向菇畦,宽1.3米,长8.5米左右。菇畦间留操作道宽40厘米,深20～30厘米,菇畦面筑成龟背形。

(2)增温设施　温室两头各建筑1间3米×6米的值班室,室内再各建地下火道1条,烟道沿北墙内侧地面各向温室内延伸20米,用直径20～25厘米瓷管或砖砌成。尔后在北墙上砌成排烟烟囱,高出屋顶3～5米。

(3)通风系统　香菇为好氧性真菌,日光温室必备通风设施。在温室前墙外,从地表向下挖1条长43米、深1米的纵沟,用砖砌成下宽25厘米、上宽50～80厘米、高60厘米的通风道,再用土将沟填平。中间留进风口,外覆两层窗纱,防止鼠害和蚊蝇入侵,沟两头要修进风口通向温室。在后墙中间筑排风管,管内侧壁上部安装一个普通换气扇,自然通风时,排气扇处于关闭状态,室内空气从排风管上口排出;需要加强通风时,盖严排风管上口,温室内空气经排气扇抽出。通风系统中增设通风道,在多风干燥季节可向预风道内适当灌水,以湿润风道内壁。当12月至翌年3月,外界干燥寒冷的空气经过预风道和进风道后变得温暖湿润,而在7～8月暑热干燥的空气经过预风道和进风道后变得湿润、凉爽。所以,温室增设预风道,在寒冬和炎热夏季中起到调温、调湿作用。

(4)喷水管道　温室钢架抵柱上方安装1根纵向自来水管,每隔10米装1只自动喷水器(距两头墙各为5米),共装

4只。温室内的湿度可通过喷水来进行调节,以达到出菇的湿度要求。一般喷1次水,2天相对湿度保持在85%～90%。

(5)光源处理 温室的光源主要通过塑料薄膜棚顶用草帘的揭开和覆盖来调节光照,以满足菇体生长发育的要求。

河北省遵化市四季栽培香菇的日光温室,采用冀优Ⅰ、冀优Ⅱ型日光温室技术指标建棚:即坐北面南、偏阴5°角,宽高比为2.4:1,大于60厘米厚的空心后墙;上盖无滴防老化塑料膜,加盖大于4千克/平方米稻草帘。遮阳棚:采用竹竿、硬木作立柱,用横杆或粗铁丝搭架,上盖芦苇帘或专用遮阳网,棚内遮阳率不小于90%。出完冬菇的温室,于4月底清棚消毒,去掉塑料膜和稻草帘,换上苇帘或遮阳网。棚内设施采用单层、双层、三层架或土墙式设施。

2.生产季节安排

北方四季栽培香菇,关键技术在于科学安排生产季节。适宜区域为北纬36°～40°的黄河以北,长城以南的陕西、山西、河北、北京、天津地区,其昼夜温差10℃的时间有10个月左右,夏季高温期仅有40天(7月上旬至8月中旬),－15℃低温1个半月(12月中旬至1月底)。四季栽培香菇的季节安排见表2-13。

表2-13 北方四季栽培香菇季节安排

季 节	制袋接种期	产 菇 期	配套菌株温型
早 春	3月初	5月中旬至10月中旬	中高温型、菌龄70～80天
夏 季	4月中旬(菌袋度夏)	9月上旬至翌年5月底	低温型、菌龄130～150天
秋 季	8月中旬	10月上旬至翌年5月底	中温偏低型、菌龄60天左右
冬 季	10月下旬(菌袋越冬)	翌年4月下旬至10月底	中高温型、菌龄70～80天

菌种生产应按照上述制袋月份,提前 80 天开始制作原种和栽培种,确保菌种适龄以用于大面积生产接种栽培袋。

3. 培养料配制

栽培袋根据产区和栽培方式,通常采用 3 种不同规格:15 厘米×55 厘米、17 厘米×55 厘米、22 厘米×55 厘米。薄膜厚度 0.04～0.05 厘米均可,薄膜袋原料应选用耐寒、耐高温、耐热的高密度低压聚乙烯袋。高压聚丙烯质脆,遇寒易破裂,不宜北方作栽培袋。

栽培原料因地制宜选择杂木屑、棉籽壳、棉秆、高粱秆、棉籽壳、葵花籽壳等。培养料配方可参照"野外露地竖筒栽培香菇"一节,选择取用。北方气候干燥,配料注意充分混合,含水量约 60%。拌匀后用手抓起紧握 3～5 下,听其有水声,观手指缝有水滴下为宜。高温期配料水分需略少些,低温期配料可大些。拌料后闷堆 30 分钟以上进行装袋。采用套袋法。要求标准是:机械装袋扎口后,即套上大于内袋 2 厘米的超薄型袋,然后入蒸锅灭菌。

4. 接种养菌

四季产菇应根据生产季节,选择适合温型的菌株。

(1)秋、冬、春产菇　应选择中低温型的菌株,如 Cr-62,Cr-66,L856,L087,农 7,遵化 09,05,2 号等菌株。接种养菌 2 个月后长菇。若 4 月中旬至 5 月份制袋的,应选用 241-4,139,939 等低温型、长菌龄的菌株,接种后菌袋度夏养菌、菌龄 3～4 个月,9 月上旬开始长菇。

(2)春、夏、秋产菇　选用中温偏高型的菌株,如 Cr-04,Cr-20,L26,广香 47,武香 1 号,遵化 1 号、3 号、36 号等菌株,培养的菌龄 60～80 天。

菌袋培养的适温为 23℃～26℃,不超 30℃。接种 1 周后检查杂菌及袋口吃料情况,当菌丝吃料达 6 厘米以上时解开外套袋,拧口通气,菌丝生长 8 厘米以上时,脱掉外套袋给氧,菌丝长至袋内 50%以上时,用铁钉扎孔,通小气;菌袋出现瘤状突起物时,用小刀划口通大气,刺激原基形成和转色。发菌期间人工调控措施,低温时采用引阳光增温、内罩黑塑料膜,或炉火加温,土坑增温等方法,保证室温达 16℃以上;高温期采用全遮阳大通风,通风孔距地面不高于 30 厘米。也可采用地下室、山洞等气温稍低的地方进行发菌培养,避免高温危害菌丝。

5. 出菇管理技术

(1)菌筒转色 如若采取脱袋转色出菇,其菌袋脱袋标准为已转色面积不小于 70%。若菌株是边转色边出菇脱袋,此法杂菌污染机会小,适宜北方干燥多风气候下的香菇生产。脱袋时,挖掉接种穴的原菌种块,使菌丝恢复。棚温超过 20℃时注意不定时通风,以保持棚内空气清新。发现杂菌污染的,可用克霉灵涂抹患处。气温超过 25℃时多喷水降棚温,多通风保持空气新鲜。菌筒转色管理可参照露地立筒栽培方法。

(2)低温期出菇管理 北方周年生产香菇,秋栽一般都在 10 月下旬或 12 月开始出菇,此时气温低,空气干燥,多为带袋出菇。其催蕾采取菌袋地面竖立,经 5 天左右幼蕾从薄膜划口处伸出。白天气温低于 10℃、棚温都在 10℃~20℃,中低温型菌株一般都能正常出菇。低温期管理措施是根据天气和棚内实际温度情况,调整草帘揭开比例,即温度低时草帘全揭开进光增温,棚内适当加盖遮阳网或塑料膜;偏高时揭一留一、揭二留二,揭放帘时间从太阳照到大棚 1 小时起,至太阳落下前 1 小时止。棚温达不到子实体生长需要时,使用蒸汽炉通入蒸汽增温、保湿。

幼蕾对外界适应性差,如果管理不当,就会发生菇蕾死亡。这里介绍河南省农科院微生物研究所研究的北方秋栽香菇防止幼蕾死亡的五防措施,供生产中参考。

① 防冻死 幼蕾生长最适温度是 8℃～16℃,最低不能低于 5℃。高于 16℃生长迅速,易形成肉松、盖薄的劣质菇。秋栽香菇,头潮出菇期在 11 月底至 12 月。此时已进入冬季,寒流至。当气温降到 5℃以下,并持续几天时,常常把幼蕾冻死,表现为菇蕾发软,像"熟"了一样。因此,在冬季香菇幼蕾发生后,要注意天气预报,以防冻死幼蕾,遇 5℃以下天气时,最好的防冻方法是采取火道加温。

② 防干死 幼蕾生长期间,空气相对湿度以 80%～90% 为最宜。北方冬季气候干燥,除雨、雾、雪天外,一般空气相对湿度在 40%左右。在这样的环境条件下幼蕾易干死。干死的幼蕾发硬,"钉"着不长。防止幼蕾干死,主要是提高空气相对湿度达到 80%～90%,可以通过向菇棚内地面洒水或将水蒸汽通入菇棚的方法来提高湿度。

③ 防风吹死 幼蕾生长需要新鲜空气,幼蕾呼吸量不大,消耗氧气不多。因此,幼蕾期通风次数要少,尤其不能长期揭去棚膜让风直接吹幼蕾,以免菇体表面水分蒸发过快,袋内培养料中菌丝的水分输送跟不上,造成菇体失水时间过长、过多而干死。风吹死幼蕾的表现同干死的幼蕾一样,幼蕾变硬"钉"着不长。防止方法是在幼蕾生长期盖好棚膜,需要通风时,可在无风天气,短时间揭膜通风,及时覆膜保湿。

④ 防烟熏死 冬季出菇期气温常常低于幼蕾生长温度下限。为防幼蕾被冻死和使其正常生长,往往将煤球炉置菇棚内升温。此时,煤球加温时燃烧的废烟也排在棚内,易造成幼蕾二氧化碳、二氧化硫和一氧化碳中毒而死。熏死的幼菇菌盖

呈红褐色,有光泽,变干不长。预防措施是菇棚内需加温时,不要直接用明火煤球炉加温,要通过烟囱把废烟排出菇棚外;棚内要定期通风,防止因通风不足而造成二氧化碳等有害气体浓度过高;幼蕾期内加温最好用火道,可避免各种废气进入棚内。

⑤ 防烤死 特别是在催花时加温过高,往往将整潮幼菇全部烤死。菇蕾生长的最高温度为 20℃,虽然有些在温度 25℃时也能生长,但高温生长的香菇盖薄肉松。培育优质商品菇,要将温度控制低一些,但不能低于 5℃。催花时温度不宜升得太高,最好不要高于 30℃,且时间要短。催花时还要加强排湿。加温时要打开菇棚一端的门和另一端顶上的薄膜开一条缝,便于通风排湿。

幼蕾常发生死亡的这 5 种现象,有些是互相联系的。因此,在管理中要调控好温、湿、光、气等环境因素,使幼蕾健壮生长。

(3)高温期出菇管理 华北、西北地区夏季气温虽比南方低些,但在三伏天高温期,外界自然温度往往超过高温香菇菌株的极限温度。因此北方四季产区,在夏季高温期管理上必须采取降温措施。如增加通风次数,遮阳率大于 90%,多层棚顶、地面喷水降温等。及时除治杂菌、病虫害。每潮菇前喷淋生长素,提高菇质和抗杂菌能力。也可以采取菇筒平行卧排覆土,借助土壤降温,促进夏季顺利长菇。

(二)半地下菇棚四季产菇栽培法

半地下菇棚栽培香菇,是北方黄土高原栽培香菇的一项开发性成果。它既保证了香菇能在风大、气候干燥、寒冷的北方地区栽培成功,又能使香菇栽培管理比南方更方便,并达到高产优质的要求。

1. 半地下菇棚结构

半地下菇棚造价低廉,且有保温性能好,保湿性强,光线好,通风易于调节的优点,其结构见图2-6。

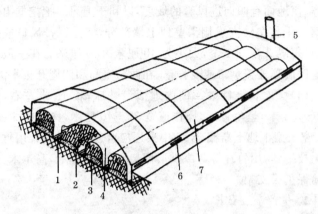

图 2-6 半地下菇棚剖面示意图 （引自王柏松、梁枝荣、江月仁）

1. 斗 2. 通道 3. 间隔 4. 菇室
5. 通风管 6. 排筒畦 7. 操作道

（1）场地选择 选地势高燥、开阔的平地或北高南低、地下水位较低的阔叶树林下,土质以壤土或粘土为好,有水源。为了便于管理,一般都建在庭院和村旁的树荫下。

（2）规格要求 半地下菇棚有宽度 4～8 米的宽型、宽3～4 米的普通型和宽 2～3 米的窄型;棚沟数目有单列式、双列式和多列式等;棚顶的式样有拱型、半坡式和"人"字型。窄型半地下菇棚棚顶多为拱型,其他多用半坡式,很少用"人"字型。半地下菇棚的高度一般为 2～3 米(含地上墙部分),长度视地形和需要而定,一般为 10～30 米,最长有 50～60 米的。普通型和宽型适用于栽培香菇,因为跨度大,昼夜温差大,有利于香菇生产。

（3）建造方法　在挖棚沟前如果土壤太干,要用大水浇灌,水渗入地面稍干后,用石灰粉放样,打出挖棚沟的轮廓线。按图挖半地下菇棚通道、菇室、门斗和进风管。将棚沟壁切削整齐,使地面有倾向进风管的坡度,以利于通风。把挖掘出的土壤用干打垒法夯成棚沟壁地上墙部分,墙上留排风口或排风窗,每隔 3 米开 1 个,大小为 40 厘米×40 厘米。在一般温暖地区墙顶覆盖草帘或麦秆草,在两菇室间和四周开排水沟。

（4）畦床和排筒架　棚内地面设畦床,长 15 米左右,宽 1.2～1.4 米,呈龟背形,操作道宽 30～40 厘米,深 20～30 厘米。宽大型半地下菇棚菇室,中央还应留通道。排筒架用竹竿或树枝搭建,用竹片等弯成拱形棚架,架于菇畦上,高 1 米,作菌筒保护膜支架。

2. 生产季节安排

北方黄土高原属大陆性气候,春夏气温不高,如山西省晋中地区,7 月平均气温仅 21℃ 左右。因此,半地下菇棚栽培香菇,既可采用一区制生产,即冬天制种,春天半地下菇棚发菌,夏秋两季出菇。也可采用二区制生产,即秋季制种,冬季培养室制筒发菌,春夏秋 3 季半地下菇棚出菇。由于半地下菇棚可以调节一定温度范围,通风性能好,所以香菇栽培期长达 8 个月左右。

3. 培养料配制

（1）配方 1　高粱壳、棉籽壳、木屑等量混合料 75.6％,麦麸 20％,蔗糖 1％,石膏粉 2％,硫酸镁 0.2％,尿素 0.2％,过磷酸钙 1％。

（2）配方 2　高粱壳(或玉米芯)55.6％,木屑 20％,麦麸 20％,蔗糖 1％,过磷酸钙 1％,石膏粉 2％,硫酸镁 0.2％ ,尿素 0.2％。

（3）配方3　棉籽壳80％，麸皮17％，蔗糖1％，石膏粉2％。

（4）配方4　玉米芯、花生壳（或葵花壳）、木屑等量混合料76％，麸皮20％，蔗糖1％，过磷酸钙1％，石膏粉2％。

玉米芯和花生壳经粉碎后使用，高粱壳和木屑使用前过筛。各配方按比例称重，加水拌匀，使含水量60％左右，装入低压聚乙烯袋。袋长50～55厘米，折幅宽15厘米，厚0.04～0.05厘米。高粱壳、花生壳、葵花壳的体积较大，质地松软，配料前要进行预湿。填料要适当压紧。玉米芯配料前要经水浸泡12～24小时。每袋装湿料重2.3千克左右（折合干料重约1千克），超过2.5千克装料太紧，低于2千克的太松。装袋扎口后稍微压成扁形，排场时不会滚动。料袋灭菌、排场散热冷却按常规进行。

4. 接种发菌

北方天气干燥，阳光充足，春、秋、冬3季雨水少。接种时常在培养室或半地下菇棚内搭临时塑料薄膜棚，经消毒后即行接种。接种后的菌袋就地发菌。发菌分为室内发菌或棚内发菌，方法介绍如下。

（1）室内发菌　接种发菌期从9月至翌年3月初，均需在培养室发菌。9月至11月中旬，平均气温为10℃～15℃，以"井"字形叠袋发菌，每层排放菌袋数适当增加，11月下旬至翌年3月上旬，气温较低时，为了进一步提高发菌室温度，应加盖塑料薄膜保温，也可以生火加温，保持室温不低于8℃，堆温不低于12℃。另外，适当增加堆叠的密度和高度，以利于增加培养室的温度。3月中旬以后，气温回升，仍以"井"字形堆袋发菌。堆叠时接种穴要侧放，防止压穴，影响菌丝生长。经常观察堆温变化，为使发菌均匀还必须适时翻堆。在中午气温较高时开窗换气。

（2）地下菇棚发菌　采用一季栽培的,接种发菌时间从 3 月中旬开始,初期气温低,将菌袋以紧密"井"字堆叠发菌,白天揭开棚顶草帘,让阳光照晒,提高棚室温度,晚上覆盖上草帘防止散热,使菌袋堆内的温度达 12℃～25℃。进风管和排风窗一般均关闭,1～2 天通风 1 次。在发菌后期,随着气温回升和菌丝生长产生热能,要注意防止堆温过高,若高于 26℃,就要及时翻堆或改变堆叠的方式。

5. 菌筒转色

（1）春季转色管理　菌袋经秋冬季 3～5 个月的发菌,无论是中熟种或晚熟种,菌丝基本上已达到生理成熟阶段。入菇棚前先将棚内打扫干净,然后向棚内沟壁、菇畦上喷水,要浇透吸足水。同时关闭进风管和排风窗,揭开棚顶上草帘,让阳光照晒棚内,使菇畦增温。入菇棚前要区别菌袋成熟度,按成熟度进行先后脱袋排场。菌袋在脱袋后 4 天内,不要掀动菇畦上塑膜,白天只将半地下菇棚棚顶上草帘揭掉,让阳光直晒菇室增温,温度控制在 19℃～23℃之间,不能低于 15℃。晚上再将草帘盖上防止热发散。一旦菌筒上绒毛状菌丝生长接近 2 毫米,每天中午就将菇畦上塑膜揭开,开启菇棚通风管和窗通风,促使绒毛状菌丝倒伏,使之表面形成一层薄薄的菌膜,随之逐渐转色。一般连续 7 天左右的管理,即可正常转色。转色过程中菌筒上分泌出黄水珠时,要用喷壶喷水冲洗掉。

（2）夏季转色管理　采用一区制栽培的菌袋,经春季发菌,入夏后菌丝将陆续成熟。这时最高气温为 29℃～30℃,最低气温为 15℃～19℃,平均为 21℃～24℃,并进入雨季。这样的环境条件有利于菌筒转色,只要适时脱袋,将其排放在菇畦上,覆盖塑料薄膜,3～4 天后掀膜喷水,保持菇室相对湿度为

85%～90%,菌筒即可转色。这阶段菇棚要开启进风管和排风窗,棚顶要增加草帘的厚度,避免过多的热辐射到菇室。

6. 出菇管理

(1)春菇管理 黄土高原春季来得迟,约在 3 月中旬。春天干燥,气温上升得快,昼夜温差大,风沙多。由于半地下香菇栽培是在菇棚中出菇,在管理上要掌握以下 4 个方面。

① 提高温度 气温低时白天揭开棚顶上覆盖的草帘,让阳光照晒菇室增温,同时打开菇畦上覆盖的保护塑料薄膜。白天气温在 10℃以上,菇棚菇室的温度往往在 20℃以上,如白天气温在 10℃以下,菇室温度也常在 15℃左右。晚上将棚顶上草帘再覆盖上,防止热发散,同时也覆盖菇畦上塑料薄膜,以提高温度。

② 控制湿度 保持小气候的相对湿度。菌筒转色出现花斑龟裂后,在中午要适当向菇室空间、棚沟壁喷水,初期维持菇室相对湿度 85%～90%,随着菇蕾分化出菌盖、菌柄后,可稍微降低空气相对湿度。

③ 加强通风 春季气温较低,气候干燥,多风沙,若只顾菇棚内保温、保湿、防风沙,而忽略通风换气,则菇盖不可能很好展开,菇柄变得肥大畸形,可食性降低,失去商品价值。通风在气温高的晴天中午或上下午进行,每次 20 分钟左右,如上午在 11 时以后,下午在 3 时左右。

④ 适度光照 半地下菇棚有时要覆盖两层塑料薄膜,棚顶一层,菇畦一层,不能只使菇棚内光线满足香菇子实体生长需要,而要菇畦内的光照达到要求。同时,由于太阳纬度低,棚墙壁遮光,日照时间短,光线强弱应以菌盖正常着色为标准。

通过上述管理,原基就能顺利发育成子实体。头潮春菇的采收量约为 10%～20%。经 1 周以后,当采摘菇迹处开始发白时,喷水2天,盖紧畦棚上塑料薄膜,提高湿度。根据菇棚内温度情况,用揭开和覆盖棚顶草帘的方法,调控菇棚内的温度。春末夏初的高原气温,昼夜温差常在15℃左右,通风管和窗户可适当开启,一般关闭过夜,第二天需要时再打开。第二潮菇蕾形成后,恢复正常管理。

(2)夏菇管理 入夏后气温骤然上升,雨季来临,是半地下菇棚香菇盛发时期。由于夏菇生产有一区制和二区制栽培的不同,管理的重点也不同。

一区制袋料栽培的,经春季发菌,入夏即开始出菇了。入夏后,应将进风管和排风窗全部开启。由于菌筒含水量适宜,开筒转色后,黄土高原夏季(如山西晋中地区6~8月)最高气温为29℃~30℃,最低为12℃~19℃,平均为15℃~25℃,而在树荫下的半地下菇棚,最高温度(中午)很少超过25℃,而即使有,时间亦是很短暂的。在通风管和窗户全开启的夜间,菇棚温度几乎与外界温度相似。所以,入夏后菇棚内温度比较适宜自然长菇。但空气湿度仍不能达到子实体生长的要求,必须进行喷水管理。一般晴天上下午各喷水1次,湿度即可达到85%左右。雨天不喷水,阴天少喷水。

二区制袋料栽培的,经采收2潮春菇的菌筒,水分已消耗很多,必须补水,以满足原基形成对水分要求。采收2潮菇后,菌筒的摘菇痕迹处菌丝发白,可通过刺筒进行补水,使培养料吸水。在补水之前,均得预先刺筒,即用8号铁丝或磨尖的直径6.5毫米钢筋在菌筒两端刺孔,孔深25~35厘米,失水严重,可刺2孔。然后选择晴朗天气,将菌筒摆放入浸水沟,引地下水入沟浸泡,初次浸水时间为4~6小时;失水严重的,浸水时间可增至8~12小时。每次浸筒后,要排尽沟水。菌筒浸水取出后晾干筒表面游离水,搬回菇畦排放,继续管理。

（3）**秋菇管理**　北方秋季湿度低，降温也很快。入秋后随着太阳光照晒的强度减弱，白天要逐渐揭开棚顶草帘，直至全部揭开，让阳光透射菇室，提高菇棚的温度；晚上覆盖草帘防止散热，这样可延长出菇时间 15～30 天。采收 2 潮菇以后的菌筒，要补水，以满足原基的发生和子实体形成对水分的需要。菇棚温度在 10℃以上时，喷 40℃温水保温，可延长出菇期。

为了保温，菇棚进风管和排风窗都要全部关闭，只有在午后气温高时才开启换气，时间为 20～60 分钟。在有寒流的期间也可暂时数日不通风，在气温回升间隙再开启排风口通风，以利于尾秋菇正常生长发育。

（4）**越冬管理**　入冬前菌筒基本上出完菇。对尚未出完菇的菌筒，可堆叠在清洁的畦床上，堆高 1 米左右，用塑料薄膜覆盖紧密，然后关闭通风管和窗户。棚顶加厚草帘覆盖，关门。气温 5℃左右时要定期检查和揭膜通风，防止菌筒生长霉菌。当气温回升 5℃以上，未出菇的菌筒还会继续长菇。

（三）南方低海拔地区四季产菇栽培法

低海拔地区应该采取什么方式才能做到四季长菇，浙江农业大学食用菌研究所研究了一种香菇连作法，与常规秋栽相配套，解决了低海拔地区夏季不能产菇的局限性，实现了夏季高温期正常出菇，形成了四季长菇，周年生产的能力。具体措施如下。

1. 改善环境

连作的菇棚采用"人"字形连幢式高棚，其空间大，有利于隔热、散热。围护材料为茅草，遮阳与隔热能力强，棚顶加厚遮盖物以避光照，"一阳九阴"即可。棚侧两旁分别开有门及通风窗，地面做畦开沟。这种菇棚内的温度可比自然气温降低

3℃～4℃,而且保湿性能好,增湿后相对湿度从 90％降至 80％的时间,可长达 2 小时左右。

同时设置雾灌增湿系统。该系统由水源、增压过滤控制装置、配水系统及微喷头等组成。要求水源清洁度高,设置调压阀,配水系统有输水支管与毛管。毛管采用半软塑料管,悬挂于畦床上面。毛管上安装微喷头,针对畦面组合布置微喷头。

2. 菌株选配

香菇连作的菌株选择划分为两类:一是春季栽培,夏季高温期长菇的菌株,应以 ZL01,广香 47,8500,8001 等高温型菌株为宜,其抗逆力强,出菇中心温度 20℃～30℃;二是常规秋季栽培,选用中温偏低型菌株 Cr-02,087,856,LC-1 等菌株。形成"一高一低,一春一秋",出菇配合。

3. 制袋期衔接

菌袋配制工艺流程按常规进行。高温期培养料含水量宜偏低些,以不超 55％为适。接种期分别安排在 3 月与 8 月下旬进行。高温菌株安排在 3 月接种,4～5 月发菌,6～11 月长菇;中温偏低菌株秋季 9 月中旬接种,10～11 月发菌,12 月长菇,直至翌年 5 月结束。这样可互相衔接,菇源不断。

4. 出菇管理

菌袋发菌 2 个月后,进入野外脱袋排场,喷水转色。高温型菌株不需较大的温差刺激,任凭自然温差即可促使原基分化菇蕾。夏季气温高,出菇期主要是防高温,除荫棚遮盖物加厚,避免强光照射入棚以外,主要是发挥雾灌系统的作用。采用雾灌降温、增湿,在供水压力下,通过微喷头使喷出的水形成细雾,在空气中飘移时间长,达到降温、增湿的目的。气温在 35℃～38℃时,喷雾后棚内温度可降至 28℃～31℃,地表温度降至 25℃～29℃。喷雾后适当通风,有利于水分的气化散热,平均降温可达 4℃～8℃,基本上能满足香菇生长对温、湿度的要求。但喷水要有节制,既要保持一定的水分,又不致于过分潮湿。长菇后菌筒减轻时,应及时浸水。补水不宜过量,否则造成高湿、高温易引起菌丝死亡,杂菌滋生,菌筒解体。

五、香菇生料栽培技术

长期以来我国食用菌科研部门和广大菇农,积极投入试验研究探索生料栽培香菇技术,但未见成效。"南菇北移"后,此项技术首先在东北突破,作者曾深入黑龙江省大庆石化总厂的食用菌场,考察了生料床栽出菇现场(彩图 9),感到北方冬季严寒,杂菌虫害发病率低,生料栽培具有优势。香菇生料开放式栽培的成功,减少了常规培中的料袋灭菌一个环节,操作简单,降低成本,它具有原料不经灭菌,成本低,减少许多环节,操作简单,这是今后香菇发展的方向。下面分别介绍南北各地不同地方香菇生料开放式栽培的关键技术。

(一)北方生料开放式床栽法

北方生料开放式床栽香菇(彩图 10),生产管上主要掌握以下要点。

1. 选地建床

利用蔬菜大棚或田野、草原、林地、果园等地作为菇场。要求向阳避风,稍有坡度,地面平坦,排水方便,不积水;土壤透气性好,保湿性强,土质 pH 值为 4～7。菇床应坐北朝南,挖深 10～15 厘米,宽 60～90 厘米,长度一般以 10 米为宜。两床之间设 50 厘米的作业道。床面整成龟背形,四周挖好排水沟,畦床利用阳光紫外线杀菌。栽培前床面撒施石灰粉杀灭害虫及杂菌。

2. 培养料配制

以选择新鲜干净,无霉烂的阔叶树木屑为好。辅料类的麦麸、玉米粉必须无霉菌、无虫蛀。石膏粉和石灰粉要求不结块。生料培养料配方是杂木屑 100 千克,麦麸 10 千克,玉米粉 3 千克,石膏粉 1 千克,石灰粉 1 千克,添加剂 1 包(添加剂由生长激素、维生素、微量元素、高效肥、杀菌剂等混合而成),加清水 120 升,含水量大于 60%。

生料混合配制后,罩膜保温发酵 48 小时,堆温可达 60℃~70℃,以后每天翻堆 1 次,连翻 3~4 次,发酵 4~7 天,经检查如果料中已出现白色放射线菌时即可使用。

3. 菌床制作

生料地栽的香菇菌株,必须具有抗逆力强,对杂菌和病虫害有抵抗能力,且菌丝能分泌较强的脆外酶,可分解吸收生料中的营养成分。在东北各地常用的菌株有黑龙江 8911,9110,吉林 9109,辽宁林土 04,辽香 08,辽 04,新 01,126,931,313 等均适合生料床栽。

播种应以当地气温 5℃~15℃之间,地面解冻,表土疏松干燥时为宜。东北地区以 3 月中下旬至 4 月底止为最佳。华北、西北地区播种期,可依据上述气温范围内提前 1~2 旬播种。采用层播、穴播或混播 3 种方式。黑龙江省多采用层播,以 2 层料、2 层菌种,将拌匀的料铺在畦床上耙平,料厚 5 厘米左右。菌种掰成蚕豆大小菌块,均匀地撒在培养料上,每平方米用菌种 4~5 瓶(袋),把料面封严,并压平实。播种后料面铺放经过石灰水浸泡,沥干后的稻草,也可以在料面铺放一层报纸,作为盖面透气层,然后盖上地膜,再覆土 2~3 厘米。同时作业道中间开一条排水沟,以利于灌水,畦床上面加盖草帘遮阳。也可在播种时,先在畦床底土壤上撒一薄层菌种,投放一层培养料,直至全部培养料投放播种完毕,压平料面,最后撒播表层菌种,再用平板按压,使菌种与料面充分密接,以利菌丝生长。播种整平后的料面要求呈龟背形,然后在菌床上面遮荫。材料可就地取材,用树枝、竹片等搭成棚架、上盖塑料薄膜和草帘,以达到"三阳七阴"的效果。北方林地菌床覆盖草帘养菌见彩图16。

4. 发菌培养

生料菌床栽培香菇,一般在早春播种。随着气温和地温升高,菌丝生长速度亦加快,约经 45～60 天培养,菌丝长透培养料。发菌期的管理工作主要是揭开或覆盖沟畦上的草帘,调节菌床温度,以达到 $10℃～15℃$ 为宜。具体管理工作应注意以下几点。

(1)引光增温 早春播种后温度较低,菌丝生长慢,可在晴天揭开草帘,让阳光照晒增加料温,晚上再覆盖保温。发菌后期气温回升,阳光直射畦棚,应增加畦棚上的草帘厚度,防止热辐射,使沟畦温度偏高。

(2)通风散热 播种后的 2～3 天内,料温往往升高,俗称"发酵热"。当料温上升到 $20℃$ 以上时,要揭开草帘并掀起两侧塑料棚薄膜,通风散热降温。播种推迟在春末或夏初时,很易发生这种情况。如果菌床局部菌种没有生长,可轻掀动料面覆盖的塑料薄膜几次,菌丝即会在菌床恢复生长。经过 30 天左右的发菌以后,菌丝已布满料面,透入培养料的一半左右时,再掀动料面上的盖膜。掀完塑料薄膜后,将其放下,四边必须盖严,不然会使料内水分蒸发,不利于转色。掀膜的同时,若发现培养料偏干,可向畦壁上喷水,提高湿度。若料面菌丝徒长,培养料偏湿,可适当延长掀膜时间。

(3)处理隐患 因培养料水分蒸发,常在塑料薄膜上凝集大量水珠,存在于报纸和塑料薄膜之间,当揭开料面塑料薄膜或撕破报纸检查菌丝生长情况时,水珠会掉落在料面上,此时要用干净布擦去水珠,以免其积存在料面上,有碍菌丝生长。

5. 转色管理

一般3月份播种,到5月就已发透菌,菌丝并达到生理成熟。此时,便可揭去料面报纸和塑料薄膜。若培养料水分偏低,可向畦壁和料面喷适量水,盖严棚架上的塑料薄膜。气生菌丝旺盛的菌株要加大通风量,促使菌丝倒伏。如菌床表面干燥,可轻喷水促使床面转色。转色期温度最好维持在20℃～22℃。气温低于18℃时,可以减少通风次数,甚至不通风,并把棚架上的草帘揭开,棚顶创造"七阴三阳"遮荫条件。生料床栽养菌时间50～60天,当菌丝蔓延整个培养料时,进入转色出菇阶段。此时应掀开盖膜,并用手拍击料面,使之发出"嘭嘭"响声;菌床面上出现瘤状突起的菌丝,说明菌丝已到生理成熟期。当菌床表层局部子实体原基分化,出现报信菇时,每天必须揭膜通风给氧1次,时间20～30分钟,并给予散射光照,温度保持在15℃～25℃之间,适量喷洒雾化水,空气相对湿度保持80%～85%。菌丝逐步由白色转为粉红色,再转为棕褐色,最后在床面形成一层树皮状的褐色菌膜,即为转色结束。通常在菌丝长到底后,需再经培养20～25天,达到转色结束。

6. 出菇管理

(1)夏菇管理　气温不超过25℃的地区,菌床照常可以出菇。这是菌丝长透培养料后的首季菇(彩图12)。此时菌丝健壮,菌床含水量适宜,能满足原基发生后菌蕾的发育和子实体的长大。管理时要做好以下3点。

① 防止高温　7月份有时气温高达30℃以上,必须采取

加盖厚草帘或搭荫棚,防止阳光直晒菌床;清晨或夜间气温低时揭开塑料薄膜通风,中午把沟畦两头或两旁的棚架塑料薄膜揭开通风;用水温低的井水或泉水喷于畦壁和栽培场地,以降低棚内温度,保证子实体正常生长。高温地区,由于天气炎热不适宜出夏菇时,应进行越夏处理。高温持续时间短的地区,在棚架上加盖草帘,防止外界过量热辐射进入菇棚。高温持续时间长的地区,先在菌床上盖塑料薄膜、覆沙或覆土,其厚度10厘米左右,然后盖好草帘,待气温下降后,再打开恢复出菇期管理。

②喷水保湿　根据菌床情况,每天或隔天喷水1次,保持棚内空气相对湿度85%～90%。以少喷勤喷、喷雾状水为好。喷水时应向沟壁多喷,菌床表面少喷,防止积水引起菇柄变黄和菇蕾死亡。晴天多喷,阴雨天少喷或不喷。天气干燥时,除加强水分管理外,还要减少通风次数和通风时间。

③通风防雨　出菇期间要揭开棚架两头塑料薄膜进行通风。闷热天两侧塑料薄膜要揭开,促使空气流通。刮风天气可暂时盖严塑料薄膜,停风后再揭开两头或两侧通风。要防止干热风直袭幼菇,以免引起萎缩,或刮入沙土,降低菇的品级。排水沟要畅通,雷雨期间,要及时覆盖好塑料薄膜,防止雨淋。

(2)秋菇管理　生料床栽香菇大多数8～9月发菇,若温度处于20℃以上时,原基不易形成子实体,且消耗养分较大,影响产量。遇到这种情况,必须创造条件,可在晚上或凌晨气温较低时,揭开盖膜通风散热,使菇床温度下降。出菇期间空气相对湿度以90%左右为宜。注意通风,避免湿度偏高,引起培养料霉烂,杂菌孳生。第一批菇采完后,停止喷水,并揭膜通风8～12小时,降低菇床湿度,使菌料干燥,菌丝充分休息,复壮7天左右,以利于积藏丰富营养,为第二批长菇打下基础。

通过 3～4 天的干湿交替,冷热刺激后,第二批子实体迅速形成。

(3) 越冬保护 北方冬季严寒,气温下降至 0℃时,子实体停止生长,此时可将菌床表面清理干净,在结冻前喷 1 次封冻水,然后盖上地膜,覆土 2 厘米或盖上草帘,下雪天覆盖更能保护菌丝越冬,在 -40℃ 的严寒下,菌丝也不会被冻死。经过 6 个月的冬眠,至春季气温上升至 10℃ 以上时,把越冬覆盖物清除,并在晴天中午向菌床喷水,让菌膜表层湿润,促使菌床迅速出现子实体原基,并分化成菇蕾。一般 10 天左右可开采 2 潮春菇,春菇的产量每平方米可收 2.5～4 千克。

(二)南方生料露地袋栽法

南方气温高,熟料栽培中还常遭杂菌污染,因此,生料栽培难度更大。福建省南平市农科所采用生料灵杀灭袋料中的杂菌,用 15 厘米×55 厘米的塑料袋装生料,栽培香菇获得成功,为南方生料栽培开创了一条新路子,见表 2-14。

表 2-14 生、熟料栽培香菇的产量

料　别	袋　数	总产量 (千克)	平均袋产 (千克)	总干料 (千克)	生物效率 (%)
生　料	460	332.6	0.72	414	80.34
熟　料	470	280.6	0.59	423	66.31

生、熟料栽培香菇的经济性状,从测量菇盖大小、厚度、菇柄长度,直径来看,两者相似,见表 2-15。

表 2-15 生、熟料栽培香菇的经济性状 (单位:厘米)

料　别	菇盖直径	菇盖厚度	菇柄长度	菇柄直径
生　料	5.90	1.30	2.98	0.82
熟　料	6.06	1.24	3.02	0.80

南方生料袋栽香菇的具体技术措施如下。

1. 生料配制

用于生料栽培香菇的原材料，要求新鲜、无霉变，培养料配方为：杂木屑 78％，麦麸 20％，石膏粉 1％，蔗糖 1％。另加粉剂"生料灵"，占干料量的 1.1％，含水量 55％～57％。

2. 培养料灭菌

生料装袋后不需进灶蒸汽灭菌，主要靠"生料灵"药剂对各种杂菌的抑制杀灭作用。因此装袋后每隔 24 小时测定药剂的杀菌效果。方法是在无菌条件下，挑取少量培养料置于 PDA 培养基面上，在 20℃～25℃下培养，观察杂菌存活情况。一般需 48 小时培养料中的杂菌才能被彻底杀灭，通常是装袋 4 天后转入接种，有利提高菌袋成品率。

3. 接种培养

生料栽培季节以秋栽 9 月中下旬，春栽 1 月上旬为宜。适用菌株 Cr-04 或 621，其菌丝抗杂菌能力强。接种按常规，接种穴用胶布封口，防止污染。室内发菌温度为 23℃～25℃，不超过 30℃。菌丝生长到菌圈直径 5 厘米时，用铁钉在接种口刺孔通气，促使菌丝加快生长。生料菌袋因生料灵抑制作用，接种后 10 天，菌丝平均日长速 2.92 毫米，比熟料的长速 4.12 毫米慢 1.2 毫米，因此菌袋成熟的时间较熟料慢 15 天左右。菌袋脱袋转色，排筒出菇管理按常规。

（三）中原半生料大袋栽培法

半生料大袋栽培法，是采用霉克星 1 号和 2 号防霉剂混合水溶液，拌入培养料内，在料温 90℃以上使防霉剂起反应和受热挥发后达到灭菌效果。半生料大袋栽培主要技术如下。

1. 培养料配制

常用配方是杂木屑 100 千克，麦麸 10 千克，配三维 2 号香菇料 10 千克（即拌有麦麸的香菇料）；也可用杂木屑 100 千克，霉星 1 号水剂 0.7 升，霉克星粉剂 0.35 千克。拌料时，先把麦麸、三维 2 号香菇料与木屑拌均匀，至少把干料拌 2～3 遍。霉克星 1 号和霉克星 2 号，按每升水加 1 千克的比例，溶解于水中，再加入已拌均匀的干料中，若料还偏干，只能再按比例配制霉克星溶液加入，不用清水去拌料。还需注意的是，杂木屑不能有块状料，圆盘锯屑太细的木屑不适用。杂木屑最好半干，让防霉水剂吸得进去，才能有效防霉。

2. 装袋灭菌

栽培袋选用 24 厘米×55 厘米规格的低压聚乙烯筒袋。装袋要紧实，采取双套袋装袋法，每袋装湿料 3.9 千克。培养料湿度一定要均匀。装袋时若发现个别袋被木屑刺破微孔的，应贴透明胶带贴封。袋头扎牢，料袋上灶灭菌，视装袋量多少而定。一般 2 000 袋的温度达 90℃，保持 1 小时即可停火，冷却到 60℃左右出锅；若是装袋 5 000 袋的灭菌灶，要求旺火烧到底部透气孔有蒸汽冲出为止。灭菌温度宁高勿低，一般要求温度达到 97℃左右停火，密封 3～4 小时再出锅，以保证料温达 80℃。

3. 接种培养

料袋灭菌后，待料袋温度降至 28℃以下时接种。3 月底前北方气温低，可行开放式接种。4 月份后气温开始升高，可行打穴接种，要注意无菌操作。打接种穴时，要求压紧不留空隙，穴口用透明胶带贴封。接种后培养 1 周，要解开外套袋袋口，用手轻拉出外套口，让空气能进入，与翻堆检杂菌同时进行。翻堆检杂菌后，再扎袋口。15 天后进行 2 次翻堆，去掉外套袋。第一次打孔在操作前，先进行室内喷雾降尘后进行打透气孔。打孔的工具要消毒，打孔时要求在菌丝生长到 1 厘米时进行,深度不超过 2 厘米。打孔 2 小时后开始升温,此时加大通风量,及时观察升温速度及变化。每打 1 次孔,温度升高 1 次,必须做好通风降温,特别是发菌中期后,天气变化无常,随时了解天气变化,菌袋自然升温,要及时调控,疏袋散热降温。出菇管理同常规。

(四)玉米芯生料袋栽法

玉米芯在我国北方各地资源十分丰富,利用玉米芯生料袋栽香菇大有开发价值,其技术措施如下。

1. 培养料配制

选择无霉变的玉米芯,粉碎成黄豆粒大小。其配方是玉米芯 88%,麦麸 10%,石膏粉 1.5%,石灰 0.5%,另加灭菌剂 0.1%。拌匀后装入袋内。栽培袋长 50 厘米,折幅 25 厘米,厚度 2 丝米,每袋装干料量 1.2 千克。

2. 接种发菌

接种于 3 月初开始至清明结束,边装袋边接种。采用 4 层菌种 3 层料的层接法,接种量 15%～20%。接种后用铁钉在菌袋两端打孔透气,然后叠垛 3～5 层发菌。室温最好控制在 20℃以下,低温发菌杂菌污染率低。培育 30 天菌丝长满袋。

3. 转色出菇

当料袋中有部分转变为棕色,并渗黄水时,脱去塑料袋,将菌筒平摆或立摆于大棚畦床上,让其转色出菇。每天加大温差,并进行变温刺激,空气相对湿度保持 80%左右,保持散射光照,注意通风。

4. 后期管理

第一潮菇采收后,让菌筒生息养菌 5 天,然后灌入大水,湿透菌筒。灌水后菌筒表面覆盖湿润土 0.5 厘米厚,经 3～5 天又长出第二潮菇。每采 1 潮菇后,畦内干燥 10 天左右,然后再灌水,让其再生菇,一般每 15 天左右又可采收 1 潮菇,从 3 月接种到 10 月采收结束。

(五)竹屑生料双季栽培法

我国竹类资源十分丰富,品种繁多。竹屑营养成分与木材相似,是栽培香菇的好原料。竹子自然生长,生长快,质地坚硬,利用竹子加工厂的下脚料来栽培香菇,对缓解菌林矛盾、保护生态平衡具有积极意义。现将福建省南平市农科所研究的竹屑栽培香菇应用技术介绍如下。

1. 竹屑处理

毛竹质地坚硬,含糖量较高,用一般机械粉碎后,常产生尖刺颗粒,易刺破菌袋;装袋过程温度高,培养料易发酸。因此,以选择冬季低温期制袋为宜,且需使用经过改进适宜粉碎毛竹的粉碎机,才能获得较理想的竹屑。

2. 培养料配制

毛竹原料含糖量较高,配方中不宜再加糖。

(1)配方 1 新鲜竹屑 78%,麦麸 20%(或麦皮、米糠各一半),石膏粉 1.5%,活性炭 0.2%,硫酸镁 0.1%,磷酸二氢钾 0.1%,石灰 0.1%,料水比 1:1.2,pH 值 6.5(福建省三明市宁化县食用菌办提供)。

(2)配方 2 竹屑 77%,麦麸 20%,石膏粉 1%,生料灵粉剂 1.1%,生料灵水剂占干料量 0.9%(福建省南平市农科所提供)。

3. 接种发菌

加入干料搅拌和过筛 2 遍,放置 4 天后装入 15 厘米×55 厘米低压聚乙烯塑料袋内。在接种箱内无菌操作接种,接种口用透明胶带贴封。在菌丝培养期间,温度保持在 25℃左右,空气相对湿度 70%以下,光线要暗,并注意通风换气。1 月至 3

月上旬接种的,前期气温低,可采取覆盖塑料薄膜、覆盖麻袋等办法保温、增温。当菌丝长至菌圈直径5厘米时开始翻堆,每5~7天1次,注意保持环境温度在28℃以下,视天气情况适时通风。由于竹屑气味特殊,易招引蚊蝇,要特别注意防虫防杂。在发菌过程中如发现有害虫为害菌袋,需刺孔3次,第一次在发菌6~8厘米时进行,第二次在接种穴之间菌丝相连时,第三次在菌丝发满袋时进行。刺孔后,应采用"井"字形堆放,堆高8层左右。培养期间需通风,气温低时宜在中午进行,以减少温差刺激。

4. 出菇管理

竹屑作原料栽培香菇,分为春栽畦床覆土栽培和秋栽露地排筒栽培两种形式:

(1)春栽畦床覆土出菇

① 畦床整理 畦宽1.2~1.3米,长度不限,高10厘米,畦面略呈龟背形,畦四周用土筑成高10厘米左右的挡边,沟宽50~60厘米。荫棚遮阳度达"七阴三阳",对畦面进行杀虫处理,2天后畦面撒1层石灰。

② 铺料播种 把拌好的培养料运到菇场倒入畦内,把地膜一边压靠挡边,用料压住,铺料厚10厘米左右,铺料要均匀一致,压实,或畦底先铺一层地膜,再倒入培养料。把菌种掰成蚕豆大小块状,接入料中,种穴距10厘米,接种后再铺1厘米厚料,使菌种埋入料中不外露,并压紧培养料,使菌种与培养料紧密吻合。把畦两边的地膜覆盖于畦内料面上,用透明胶带贴封不漏气,畦上拱起薄膜,薄膜宽度以盖好后两边下垂到畦沟边为准,以防雨水流入培养料内。

③ 养菌出菇 菌种定植后要经常检查畦面上培养料及菌种处,一旦发现杂菌侵染,要小心除净,重新补种,并注意控

制畦内温度在 10℃～30℃。待菌丝布满料面后,在料面上用排钉刺孔通气,其深度 3 厘米、孔距 5 厘米,进入转色畦面即可长菇。

(2)秋栽露地排筒出菇

① 建畦要求　畦面平整,中部微拱不积水,畦面平实,畦宽 1.2～1.4 米,建畦前每 667 平方米用 50 千克石灰溶消毒。建好畦后,菌袋下田前 1 周,用生石灰粉铺于畦面,再铺上 1 层经消毒处理的土壤。

② 脱袋下田　菌袋分为半脱袋和全脱袋两种方法。半脱袋只脱 1/2 袋膜,接种口朝上,转色后直接覆土填充空隙保湿;全脱袋与木屑栽培方法相似,但畦面宜先铺一层地膜,地膜上可以撒上一层土,以增加保温功能。然后将脱袋后的菌袋排放,照常转色覆土。为防止脱袋菇大量发生,脱袋前应先将菌袋在大田间静置 1 周左右进行炼菌,然后脱袋。

③ 出菇管理　出菇期注意畦沟灌水降温,气温高水位高,气温低水位低。需要保持水清洁与流动。菇蕾发生后应疏密留稀,以保证菇的质量。若发现轻度绿霉侵染,可用 2‰石灰滤液,加 3‰草木灰滤液,加 1‰食盐水喷淋,冲去霉斑。晴天晚上揭膜通风,雨天盖膜两端通风。

六、香菇与多种作物组合栽培技术

(一)香菇灵芝组合栽培法

香菇、灵芝栽培,既有相似的一面,又有不同的特性。两者都是以培养料装袋作载体。灵芝子实体发生在夏秋两季,而香菇子实体则发生在冬春季节。香菇在荫棚畦床上排筒出菇,而灵芝袋栽在荫棚畦床内埋筒覆土出芝管理(彩图 24),并且灵芝与香菇对场地要求、畦床方式、光照通风条件上基本相似。根据香菇、灵芝的这些栽培特点,完全可以将香菇、灵芝组合在一起,进行周年栽培生产,提高栽培场地的利用率,达到增加收入的目的。

1. 菇芝周年交替

香菇与灵芝组合栽培有 2 种形式。

(1)春菇秋芝　即春季接种香菇,夏秋接种灵芝,这一组合方式的特点是春季 2～5 月接种香菇菌袋,待菌丝布满全袋后,及时排场和越夏转色、秋季出菇;夏秋季栽培灵芝,利用培养室进行发菌,菇棚夏季休闲期排场出芝。这一组合栽培方式,香菇必须采用迟熟的菌株,如 241-4 等。

(2)春芝秋菇　即春夏季接种灵芝,夏秋季接种香菇。其特点是春末夏初接种灵芝,待菌丝布满全袋后,进菇棚进行仿野生出芝;6～8 月接种香菇,待出芝结束后香菇菌袋入棚排场出菇。这一组合栽培方式可采用 82-2,Cr-62,Cr-04 等香菇菌株。无论哪一种组合栽培方式,香菇应选用适合长菇季节的温型菌株;而灵芝应选用高产、优质、适应性强的品种,如韩国赤芝等。

2. 生产季节安排

灵芝生产季节在夏季气温高于 30℃之前和秋季气温降至 20℃以下之前,灵芝子实体进入生理成熟。为此组合栽培时,在海拔 400 米左右的地区,春菇秋芝组合栽培,香菇接种期应安排在 2～5 月份,灵芝接种期安排在 7 月上中旬。春芝秋菇栽培组合,灵芝的接种期安排在 3 月下旬至 4 月上旬,香菇接种期安排在 6～8 月份。并且随着海拔的升高,灵芝的接种期也应适当推迟。

3. 栽培管理措施

香菇灵芝组合周年栽培,在每 1 次香菇或灵芝栽培结束后,应及时清理生产场地,以备下 1 次灵芝或香菇栽培生产。香菇菌丝长满全袋的 241-4 菌袋排场后,要加厚菇棚遮荫覆盖物,使菇棚内无直射光线,并保持菇床湿度,以降低菇棚内温度,同时备好薄膜防雨。灵芝栽培可用 15 厘米×30 厘米聚乙烯袋,经装袋、灭菌、接种后在培养室进行菌丝培养,温度保持在 24℃~26℃,利用自然气温发菌。气温超过 30℃时,要采取通风等降温措施,并保持培养室有一定的散射光。一般经 35 天左右培养,菌丝可长满全袋,即可进行出芝。

春芝秋菇组合栽培时,在灵芝菌丝布满全袋后,应及时移入光照较充足的菇棚,摆在菇床上进行催蕾。覆盖薄膜空气湿度保持 85%~95%,出现芝蕾时拨去棉塞,并适当剪短袋口薄膜。当芝蕾伸出袋口逐步形成菌柄菌盖时,注意温度、湿度、通风和光照的调节。灵芝的出芝适温为 25℃~30℃,空气相对湿度在 85%~95%。当灵芝从幼芝期进入成芝期后,在气温适宜的条件下,必须直接向子实体喷雾,每天 2~3 次,并加大通风量,防止超温。

(二)香菇竹荪组合栽培法

香菇、竹荪组合栽培(封 2 彩图),是根据竹荪多在野外畦床栽培,播种后在畦床内潜伏每年出荪只有一季(6~9 月份),其余 8 个月畦床是空闲时期。利用竹荪采收结束后的空闲地用于栽培香菇,可形成组合的周年生产。竹荪栽培的场地、遮荫、畦床与野外袋栽香菇相类似,是一种环境条件相同,交替使用,互不矛盾的有机结合。竹荪菌丝生长在畦床之内,而香菇脱袋排场是放在畦床之上,是一种地面、地下的立体式栽培,一地两用,一举两得。组合式栽培技术如下:

1. 季节安排

竹荪畦床套种香菇,竹荪栽培季节应选在10～11月间,此时正值香菇脱袋下田之时。为调节好香菇的产菇季节,竹荪应在香菇脱袋下田前15天堆料播种,使竹荪菌丝萌发定植。香菇菌袋下地排场后,一般12天左右才开始喷水使菌筒转色,这样前后有25天左右的时间,竹荪菌丝已蔓延入基料中,此时湿度要求刚好与香菇脱袋喷水有机结合。如果间隔时间太短,菌丝正在萌发定植,不需水分,如水分过大,会导致竹荪菌丝霉烂。

另一种是利用现有香菇畦床栽培竹荪,只要在每年5月份香菇子实体能采收结束的地区,竹荪栽培季节就可安排在4月份。当香菇菌筒搬离畦床浸水时,趁机把竹荪菌种播在畦床上,然后让香菇菌筒搬回畦床上排放。另外,春季香菇菌筒开始不同程度地解体,此时进行菌筒调整,把已解体的菌筒搬走,尚未解体的菌筒集中,腾出畦床分期分批地进行播种竹荪。5月前香菇采收尚未结束的场地,不宜种竹荪。海拔600米以上的高寒山区,6～9月菌筒仍在长香菇,也不宜种竹荪。

2. 配套品种

要衔接好荪菇生长季节,竹荪品种应选择高温型棘托竹荪菌株,如D-古优1号,D-76,D-720等,产菇均在6～9月间。香菇品种必须根据海拔高低,因地制宜地选择配套的菌株。南方各地海拔在300米以上、600米以下的地区,应选择中温偏低的香菇菌株,如087,856,Cr-02,Cr-62。其子实体在5月底前基本上采收结束。在海拔300米以下的地区,常用的香菇菌株,如Cr-04,Cr-20,L26,Cr-66等,5月底基本上也采收结束。这样才能适应6～9月间竹荪子实体的生长需要,使荪、菇相衔接,互不矛盾。

3. 管理要点

香菇、竹荪组合周年栽培技术,第一年竹荪的堆料、播种栽培管理和香菇菌筒的制作、培养管理均按常规方法,只是在菌筒排场前后和结束时,要掌握好以下几点。

(1)畦床整理　竹荪采收结束后,应把畦床整理成中间高、四边低的龟背形,并把人行道、排水沟挖深一些,使之低于畦床底层竹荪培养料,这样即使在香菇喷水时水分渗入畦床内,也会逐渐流入排水沟,不至于积留在竹荪培养料内。

(2)铺膜防水　香菇菌筒下田排放形式按照常规方法,菇筒底部的行间,应先垫1条12～15厘米宽的薄膜,向两头铺开,以防给香菇喷水时部分水渗入畦床,造成水分过大。香菇菌筒的行距为20厘米,而所垫的薄膜是12～15厘米,刚好留5～8厘米的位置,作为畦床内竹荪菌丝的通气部位,以便供给氧气。另一种栽培方式是竹荪畦床用整块薄膜覆盖,但要在畦床旁边的四周每间隔1米,用15～20厘米长的空心竹管直插入畦床之内,用于通气,促进竹荪菌丝正常发育。

(3)喷水方式　菌筒出菇湿度管理,最好利用空间喷雾的方式,防止大量水分渗入畦床内,影响竹荪正常休眠。

(4)松土透气　在翌年5月份香菇收成结束后,及时处理畦床上面的残留物,同时进行1次畦床松土透气。畦床最好更换新鲜覆土。若发现覆土表面有部分竹荪菌丝萌发,应采取畦沟灌水催蕾,使竹荪菌蕾发生快而整齐,使产量提高,且出荪季节紧凑,有利于与香菇衔接。

(5)控制温度　夏季气温超过30℃时,要加厚荫棚遮盖物,少盖薄膜,并把覆土去掉一部分,使部分竹荪培养料裸露,再在畦床上面铺一层竹叶或树叶等,防止直接喷水造成覆土结块,影响透气和保湿。

（三）香菇林果地套种法

利用已成荫的林地、果园套种香菇（彩图14），不仅可免搭野外遮荫棚，节省成本，而且在气温高时林果枝叶可自然调节温度和更新空气，对香菇生产十分有利。这里介绍葡萄架下套种香菇的技术，其他林果地间套种亦可参照此法。

1. 场地整理

选择近水源、已成荫的葡萄园，地势坐北朝南或朝东南，能通风又能避大风的场地。葡萄株行距2.7米×4米，每667平方米栽77～80棵，行向以避大风为宜，按照株距间的园地整理成1.3～1.4米宽的菇床，开好排水沟和人行道，四周用篱笆和草帘围住防风。

2. 菌筒排场

按照常规生产和培育菌袋，菌丝达到生理成熟时进园脱袋排场。畦床排筒方式均按常规进行。菌筒排场后，及时罩紧薄膜，四周用土块压紧，防止被风吹开。

3. 田间管理

葡萄园套种香菇的出菇管理按照常规。由于葡萄根系发达，园地容易干燥，畦床内的土壤含水量较低，为防止引起菌筒脱水，必须加强喷水，或采取畦沟浅度积水，增加地湿。喷水后及时罩膜保温、保湿。

4. 注意事项

用于套种香菇的葡萄园，排筒前的土壤消毒，禁用剧毒农药和残留期长的农药；长菇期避免喷洒农药，以免发生香菇中有农药残留。葡萄施肥应采取深埋法，以免招引病虫为害，对香菇生长不利；在整枝时，留一主干上棚后，应留4个主枝向四面发展，使枝叶迅速遮满棚架。

此外，有的地方还在葡萄架下种菇、养鱼，形成果、菇、鱼结合,立体式栽培(图 2-7)。

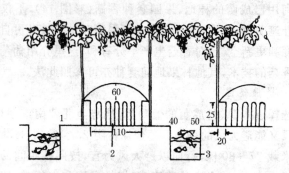

图 2-7 葡萄架下套种菇养鱼 (单位:厘米)
1. 走道 2. 拱形低棚菇床 3. 养鱼浅池

(四)香菇玉米地套种法

玉米与香菇套作(彩图 13),从作物布局上做到了喜温与耐阳作物搭配,高秆与短棵结合,充分利用地间与空间自然生态条件,其方法如下。

1. 选地做畦

一般玉米地均可,做畦以东西向为好。畦床宽 40 厘米,长 3～4 米,高出地面 25 厘米,畦旁人行道宽 40～50 厘米,防止培养料中间出现高温带。选用适合的玉米套种香菇,畦床两侧间距 30～40 厘米,玉米株距 20～30 厘米,达到充分利用光能和地力的目的。每 667 平方米玉米地可种 2 500～3 000 株,间苗要晚些,防止香菇套种操作时损苗。

2. 配料播种

香菇安排在 3 月中旬至 4 月中旬播种,培养料配方按常规。将培养料置于蒸桶内,灭菌温度达 100℃后蒸 2 小时,趁热装入编织袋内,扎好袋口冷却。选择晴天用薄膜铺入田野畦床上,堆料厚度 10 厘米,铺平后表面播 1 层香菇菌种并压实。然后用茅草遮盖,覆盖薄膜后盖土。每 100 千克培养料,配用菌种 30～40 瓶。

3. 管理方法

香菇播种后进入发菌期,利用阳光增加料温。后期气温高,天旱时,对盖土薄的地方要补盖 1 层土,防止培养料污染杂菌。正常气温下,播种 30 天后菌丝可走透培养料。5 月上旬可将床面覆土拨开,置于玉米株间。6 月上旬菌丝长满料面,开始形成 1 层菌膜,通过温差刺激及干湿差的刺激,使其转色。每天喷水 1 次,转色结束即可出菇,照常规管理。

七、台湾地区及日本、泰国香菇栽培技术

(一)台湾"太空包"栽培法

我国台湾香菇年产值约 1.7 亿美元,主要采用"太空包"(类似聚丙烯塑料袋)栽培,年生产 2 亿包。生产单位分布于 250 个香菇农场和 1 000 多农户,规模大的农场,栽培量达 800 万包。其栽培技术如下。

1. 培养料配方

台湾栽培香菇的原料以木屑为主,一般用壳斗科和桦木科等阔叶树的木屑,使用前先经干燥,在堆制半个月后利用。硬质树木屑堆置时间在半年以上。其培养料配方中最大特点是不加糖,但也并非都是如此。以下为常用培养料配方。

配方 1 硬木屑 100 千克 ,米糠 12 千克,麦麸或玉米粉 6 千克,石膏粉 0.8 千克,水适量。

配方 2 硬木屑 100 千克,米糠 12 千克,麦麸或玉米粉 3 千克,石膏粉 0.4 千克,水适量。

配方3　木屑100千克,米糠及玉米粉10千克,碳酸钙1千克,硝酸铵0.5千克,葡萄糖0.05千克。

2. 装包灭菌

太空包用聚丙烯塑料袋,直径12～14厘米,长22～25厘米,实际装料深18厘米,每包装干料800克。用压包机压成高16厘米的太空包,在中央打深孔达10厘米,孔径2.5厘米。再加塑料套环,用棉塞封口。装入铁筐或塑料筐中,每筐12包,移至灭菌锅内。太空包灭菌通常采用的方法是通入蒸汽,温度达90℃～95℃,保持4小时即可。

3. 接种发菌

料袋灭菌后温度降至50℃～60℃时,移至冷却室,冷却后移至接种室内接种。接种室内先用1％碱液、3％石炭酸液、5％碱性肥皂液等喷洒消毒。然后将太空包送入接种室,再喷1次消毒水。台湾使用的菌种有低温型612,607等,出菇8℃～15℃;中温型121,127等,出菇10℃～15℃;高温型W_4,701,467等,出菇15℃～25℃。表皮菌丝部分隆起时,松动塑料颈圈,增加通气量,此时期约40天,并进行翻包排场。表皮硬化期要拔去棉塞,增加通气,使表皮硬化具有弹性。

4. 出菇管理

太空包生产实行集约化管理,有专用菇房。对保湿条件好的菇房,可将太空包的整个塑料袋剥开,或在太空包周围用刀片直割4个裂缝至底部,以利于排水和长菇。接种120～150天后,部分太空包陆续长出子实体。太空包催蕾有3种方法。

(1)倒置浇水　将太空包倒置于湿度充足的地面,或架床上,大量浇水。当褐色菌膜裂开一半以上时,将太空包翻正,继续浇水管理。

(2)敲动菌包　将太空包往地上敲动2～3次,然后大量浇水,直到菇蕾长出。

（3）覆膜保湿　用塑料薄膜直接覆盖太空包,保持一定湿度,直到菇蕾长出,继续浇水 2～3 天。见菌盖与菌柄明显分开,改用向地面灌水或空间喷水,保持菇房湿度在 85%～90%,1 周后即可采收。一潮菇长完后,菇房通风干燥,并将太空包横倒,以利于包内水分回流,防止水分聚积在底部。从第一次处理长菇,到下潮子实体形成,约 15～20 天,每个太空包可采 5～6 潮菇。

（二）日本菌床栽培法

日本从福岗县菌床栽培开始,逐步发展到 10 多家专门出售菌床,年产鲜菇 5 000～6 000 吨的规模,约占该国鲜菇总产量 6%～7%。从现有栽培方式和水平来看,正处于开始阶段,还在不断完善。其方法如下。

1. 培养料配方

以麻栎、米槠等木屑为主,配合使用米糠和麦麸（占 12%～18%）,采用聚丙烯（PP）袋或聚乙烯（PE）袋装料。每袋装料后重量一般 800 克,最大的也有超过千克的。

2. 接种培养

料袋经灭菌接种后,进入发菌培养,温度保持 20℃～23℃,一般培养 80～130 天,早熟品种 60～65 天。营养生长后期给予 200～600 勒光照。

3. 出菇管理

诱导菌床香菇子实体形成,采取低温和浸水。浸水后呼吸活动增强,引起呼吸量增大,能诱导香菇菌丝强壮生长,促进子实体形成。在现行的栽培中,菌床的给水大体上可以分为向菌床喷水和菌床浸水两种方式。喷水若不注意容易发生含水量过多,产生菌盖带黑褐色的香菇。浸水若没有注意到菌丝的成熟度,出菇就很不稳定。采用什么方法给水,必须在全面掌握栽培面积、劳力和其他条件之后,加以选择。

(三)泰国架层袋栽法

在东南亚地区,已广泛利用农业废弃物,如木屑、玉米芯、荚壳、茶叶末等来栽培香菇。而大规模栽培香菇的主要原料为木屑和玉米芯,除松木屑外,硬质木屑、软质木屑都可用,硬质木屑产量更高;1～3 年陈旧的木屑比新鲜木屑效果更好。以下介绍的是泰国木屑架层袋栽香菇方法。

1. 培养料配制

原料先行堆制发酵,按木屑 100 千克,硫酸铵 1 千克,米糠 5 千克,尿素 0.7 千克,氧化钙或氢氧化钙 1 千克,含水量 70%。将培养料拌匀堆成 1～1.2 米高的圆锥形堆,置于树荫下或空旷处,每隔 4～5 天翻堆 1 次,共翻 4～5 次,堆制期 20～25 天,至料堆变深褐色,并有料香,表明发酵成熟。这里介绍 3 种配方。

配方 1　杂木屑 100 千克,米糠 15 千克,玉米粉 5 千克,蔗糖 1 千克,生石灰粉 0.5 千克,硫酸镁适量,含水量 65%。

配方 2　杂木屑 50 千克,玉米芯(粉碎)50 千克,米糠 20 千克,生石灰粉 0.5 千克,硫酸镁适量,含水量 65%。

配方 3　木屑 70 千克,蔗渣 30 千克,米糠 15 千克,玉米粉 5 千克,豆饼粉 1 千克,生石灰粉 0.6 千克,硫酸镁适量,含水量 65%。

2. 装袋灭菌

用耐高温的聚丙烯塑料袋,规格为 17 厘米×33 厘米,厚 0.01 厘米。装料前将袋的四角折起,使底部成正方形,以便直立。装料要均匀,压实后套塑料颈圈,用棉塞封口。经高压 121℃～125℃灭菌 1～2 小时或常压灭菌。根据容器不同,灭菌压力与时间也不同,其标准是 75℃～90℃ 为 5～6 小时;90℃～95℃ 为 3～4 小时;95℃～100℃ 为 2～3 小时。

3. 接种发菌

在无菌室内接种,每瓶 1 千克重的木屑菌种,接种 100 袋,然后置于 20℃～25℃ 温室内进行避光培养,发菌期35～50 天。

4. 出菇管理

袋内菌丝充分长透后,置于遮荫处放置 1～2 个月,使菌丝积聚营养,转入生殖生长。当袋内菌丝转变成褐色或出现菌蕾时,切开袋口。冬季温度低于 10℃ 时,将菌袋置于室内架层菇床上排放,并给予光照,保持通风,有助于产出优质香菇。出菇期间每天浇水 1～2 次,但应避免直接浇在塑料袋上。菇房地面和墙壁浇水降温、保湿,使相对湿度保持在 85%～90%。经 1～2 周培养,表面转为褐色,此时要让昼夜温差大于6℃～8℃,使出现原基增多。待子实体长到 1～2 厘米时,向菇房输入更多新鲜空气,使相对湿度降到 75%～80%,以利于产生优质香菇,尤其是柄短小的花菇。如果气温在 12℃～25℃ 时,可将菌袋放到有透过 25%～30% 阳光的树荫下,或遮荫处培养。每天喷水1～2 次,2～3 周后长菇,5～15 天后就可采收。在气温达 24℃ 的地方栽培香菇,设置调温菇房,将温度控制在 5℃～15℃。采菇期可长达 5～6 个月,产量为湿料重的 20%～35%。

第三章　高产优质香菇菌种制作工艺

要获得香菇高产、优质、高效益,除了全面掌握香菇生产的基本科学知识外,菌种制作与选育技术至关重要。本章在介绍菌种繁殖与分级、各级菌种制作技术的同时,用一定篇幅详细介绍液体菌种和胶囊型菌种的制作工艺。

一、菌种繁殖与分级

香菇菌种是通过繁殖获得的。获得菌种后再进行母种、原种和栽培种的逐级扩大培养,形成菌种生产体系。

(一)菌种繁殖方式

培育香菇菌种时,分有性繁殖和无性繁殖两种方法。有性繁殖是根据香菇子实体成熟时,能够弹射许多不同性的担孢子。这些孢子着落在培养基上,萌发之后产生不同性的单核菌丝,经异宗结合成为双核菌丝,即为菌种。这种自然繁殖方式进行繁殖的方法,称为有性分离或有性繁殖。无性繁殖是从子实体或菇木中人工分离菌丝体,在培养基上使其回复到菌丝发育阶段,来提取母种。用这种分离方法获得母种,既方便又较有把握,其子实体和菌丝体都是近缘有性世代,遗传基因比较稳定,抗逆力强,母系的优良品质基本可以继承下来。

(二)菌种分级形式

菌种包括母种、原种、栽培种3级。

1. 母 种

用香菇子实体弹射出来的孢子或子实体组织,分离培养出来的第一次纯菌丝体,称为母种,也称为一级菌种。母种以试管琼脂培养基为载体,所以常称琼脂试管母种,斜面母种。母种直接关系到原种和栽培种的质量,关系到香菇的产量和品质。因此,必须认真分离,经过提纯、筛选、鉴定后方可作为母种。母种可以扩繁,增加数量。

2. 原 种

把母种移接到菌种瓶内的木屑、麦麸等培养基上,所培育出来的菌丝体称为原种,又叫二级菌种。原种虽然可以用来栽培香菇,但因为数量少,用于栽培成本高,必须再扩大成许多栽培种。每支试管母种,可移接 4～6 瓶原种。

3. 栽 培 种

栽培种又叫生产种。即把原种再次扩繁,接种到同样的木屑培养基上,经过培育得到菌丝体,作为生产香菇的栽培菌种,又叫三级菌种。栽培种的培育可以用玻璃菌种瓶,也可以用聚丙烯塑料袋。每瓶原种可扩繁成栽培种 60～80 瓶。

二、各级菌种制作技术

香菇母种、原种、栽培种的制作技术和具体操作方法介绍如下。

(一)母种分离与培育

1. 培养基配制

母种培养基,一般用试管作为容器,所以又称试管斜面培养基,也有以三角瓶或培养皿为容器装成培养基的。常用于母种分离、提纯、扩大、转管及菌种保存。

(1)配方与制作 这里介绍几种常用的培养基配方与制作方法。

配方 1　马铃薯 250 克,葡萄糖 25 克,硫酸镁 0.5 克,维生素 B_1 10 毫克,琼脂 20 克,清水 1 000 毫升。

制作方法:选择质量好的马铃薯,洗净去皮(若已发芽,要挖去芽及周围小块)后,切成薄片,放进铝锅,加水 1 000 毫升,煮沸 30 分钟,用 4 层纱布过滤,取其汁液。若滤汁不足 1 000 毫升,则加水补足。然后将浸水后的琼脂加入马铃薯汁中,继续以文火加热至全部溶化为止。在加热过程中要用筷子不断搅拌,以防溢出和焦底。最后加入葡萄糖,并调节酸碱度为 pH 值 5.6,趁热分装入试管,塞上棉花塞。

配方 2　黄豆粉 40 克,葡萄糖 20 克,琼脂 20 克,清水 1 000 毫升。

制作方法:将黄豆粉加冷水调成糊状,再加水至 1 000 毫升,搅拌均匀后以文火煮沸 20 分钟,用 4 层纱布过滤取汁。再把琼脂、葡萄糖等加入,全部溶化后分装入试管。操作方法同配方 1。

配方 3　玉米粉 60 克,蔗糖 10 克,琼脂 20 克,清水 1 000 毫升。

制作方法:把玉米粉加冷水调成糊状,再加清水 500 毫升稀释,煮沸 20 分钟,用纱布过滤取出液汁。另将琼脂加 500 毫升清水煮沸溶化。然后将两液混合,分装入试管。

(2)分装灭菌,排成斜面　配制好的培养基要趁热通过玻璃漏斗,分装于试管或三角瓶中。装量一般为试管长度的 1/4 或三角瓶 1 厘米高。分装时,注意勿使试管口或三角瓶口沾附培养基。分装时须用纱布、脱脂棉过滤,防止杂质或沉淀物混入试管内。装完后立即用棉花塞口,并要求松紧适度。棉花塞入试管口的部分,一般为 2/3 左右,留 1/3 在管外便于拔出,管口用牛皮纸包好。装完所有试管后,用绳子将每 10 支试管作一捆缚好,竖置于铁丝笼中,放入高压灭菌锅内灭菌。在107.87千帕压强下维持30分钟,才能达到灭菌的目的。

如果没有高压灭菌锅设备,可用常压蒸汽灭菌,在100℃的温度下灭菌2小时也可收到彻底灭菌的效果。灭菌后的培养基温度下降到60℃时,就要把试管倾斜,使之凝成斜面。倾斜度以斜面达到管长的1/2为度,冷却后,即成试管斜面培养基。操作程序见图3-1。

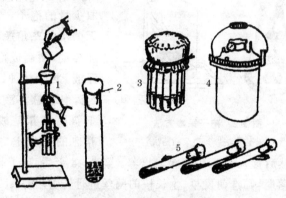

图3-1　琼脂培养基配制工艺流程
1.分装试管　2.塞入棉塞　3.包扎成束　4.入锅灭菌　5.排成斜面

2. 母种分离培育

香菇母种的分离,是利用标准种菇的组织块或孢子作为繁殖材料。母种分离方法有:孢子分离法、组织分离法和基内菌丝分离法3种。

(1)孢子分离法　孢子分离法的具体操作如下。

① 孢子的采集　在接种箱(室)内,用镊子夹住种菇,放入70%酒精或0.1%升汞溶液内浸5分钟,以杀死种菇表层上的杂菌。然后用无菌纱布吸干水分,切取一部分,菌褶朝下

钩在钢钩上,挂入三角瓶内,距离培养基表面 2 厘米左右,并塞好棉花塞,静置 24 小时。也可以采取钟罩式的孢子收集器,将整朵种菇插在器内的插针上。随着菌盖的开展,白色粉末状孢子即大量地从菌褶上弹落于培养皿上,形成一层白色孢子印。孢子采集见图 3-2。

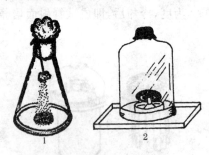

图 3-2 孢子采集方法
1.钩悬法 2.整朵插菇法

② 接种培养 获得孢子后,用接种针挑取少量的孢子,放入装无菌水的三角瓶中,稍加摇动,便制成孢子悬浮液。再用接种针蘸取 1 滴孢子悬浮液,涂布于斜面培养基或在培养皿的平板上划线接种。然后移入 25℃恒温箱内培养。经 3~4 天后,孢子萌发生成菌落时,筛选萌发早、生长快的菌丝进行转管培养。10 天后孢子白色菌丝长满整个试管培养基的斜面,即得一级香菇母种。

(2)组织分离法 组织分离法主要是采用子实体的组织块培育母种,通常按以下步骤进行。

① 种菇消毒 将符合标准的种菇,用消毒脱脂棉球蘸取 70%的酒精,对种菇表面擦洗消毒,并用无菌滤纸吸干;或用 0.1%升汞水浸 5 分钟,再用无菌水冲洗并揩干,置于清洁的培养皿内备用。

② 接种块切取 把种菇撕开,在菌盖和菌柄交界处或菌褶处,用灭菌过的接种刀,切取一小块作为接种材料。然后纵切成若干块大约 10 毫米×5 毫米的小薄片备用。切取组织块

时尽量取小一些,以获得纯度高的菌种,而且小块容易成活。

③接种培养 用接种针挑选取一小块组织片,小心地接入斜面培养基试管的中央。然后将试管口和棉花塞在酒精灯火焰上过火灭菌后塞好,再移入 25℃左右的培养室(箱)内培养。当组织块上长出白色的菌丝并向培养基上蔓延生长时,应选择健壮、优良的菌丝体,用接种刀割成若干小块,再移植到新的培养基上,通过提纯培养、观察对比、选优去劣,即成为母种。组织分离法见图 3-3。

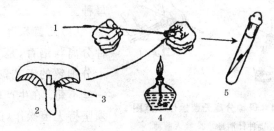

图 3-3 组织分离操作示意图

1.接种针 2.种菇 3.取组织块 4.酒精灯 5.接入试管内

(3)基内菌丝分离法 基内菌丝分离法即菇木或菌筒分离法。具体操作步骤如下。

① 选择菇木 在野生香菇的菇木上或在原段木栽培的场所,寻找已长过子实体而且木材中菌丝发育良好的段木,或在袋栽香菇的菌筒中提取分离的材料。其中天然生的菇木,由于经受风霜雨雪和严寒酷暑的考验,抗逆力很强,因此可从中选择。

② 无菌处理 将选好的段木锯成一小段,削去树皮及表层木质部,用 70％酒精揩洗消毒后,锯成 1 厘米厚的薄片,然后放入 0.1％的升汞水中消毒 1～2 分钟,再用无菌水洗去升

汞水残液。

③接种培育　将消毒过的菇木小薄片,劈成 0.5～1 厘米宽的小木条,接到斜面培养基中央,移入 25℃的温室中培养,使菌丝恢复生长。菇木分离法需要接种 7 天,才能断定菌丝是否成活。在菌丝生长之后,通过提纯、转管培养成母种。

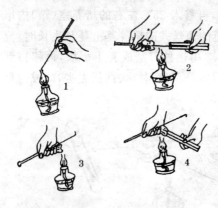

图 3-4　母种分离无菌操作示意图
1. 接种针消毒　2. 接入菌种
3. 棉塞与管口消毒　4. 棉花封口

(4)无菌操作　母种分离与培育,是一项十分细致的工艺,必须一丝不苟。在生产中必须坚持无菌操作(图 3-4),无论是分离还是提纯扩繁,一定要在经过消毒的接种箱或无菌室内进行。各种器皿均要严格灭菌、彻底消毒。接种前工作人员双手要用 70%酒精涂擦,接种针、试管及菌种瓶都要经过酒精灯火焰消毒。

3. 提纯选育

　　无论是孢子分离、组织分离或基内分离,其所得到的菌丝,并不都是优质的,因此,还必须提纯选育。操作方法是在接种箱内,用灭菌的注射器,吸取 5 毫升的无菌水,注入盛有孢子的培养皿内,轻轻搅动,使孢子均匀地悬浮于水中,即成孢子悬浮液。再将注射器插上长针头,吸入孢子悬浮液,让针头朝上,静放几分钟,使饱满的孢子沉于注射器的下部,推去上部的悬浮液,吸入无菌水将孢子稀释。再把装有培养基的试管棉塞拔松,针头从试管壁处插入,注入孢子悬浮液1～2滴,然后抽出针头,塞紧棉塞。接种后,将试管移入恒温箱内培养,在25℃～28℃下培养10天,即可看到白色绒毛状的菌丝分布在培养基上面,待长满后,即为母代母种。

组织分离和基内分离所得的菌丝萌发后,通过认真观察,选择色白、健壮、长势正常无间断的菌丝,在接种箱内,钩取纯菌丝连同培养基接入试管培养基上,在23℃～28℃恒温条件下培育10天,菌丝长满管后,也就是母代母种。

4. 转管扩繁

由于所获得的母种数量不多,因此,必须进行转管扩繁,才能满足原种生产的要求。

母代母种标明代号为"P",再经提纯扩大分离培养而成的母种,称为子代母种,其标名代号为"F_0",应按照扩大次数而分别称为第一代子代母种或第二代子代母种。标名代数在"F"右下角写上阿拉伯数字,如F_1,F_2,F_3等。每支母代母种可扩繁30～50支子代母种。

生产上供应的多为子代母种,它可以进行再次转管扩接,一般每支可扩接20～25支,但转管次数不应过多,以免削弱菌丝生活力,降低出菇率。在生产上,转管一般以不超过5次为好。

5. 出菇试验

分离选育的母种,还必须进行出菇试验。方法是把母种接入瓶装或袋装的木屑培养基上,经过24℃～27℃的恒温培养,待白色菌丝长满瓶或袋,并有原基和红色斑点出现时,把瓶子上半部敲破,若是袋栽的应割破薄膜,并进行温差刺激,喷水加湿,促进转色,使原基分化长菇。通过出菇试验,观察表现,做好记录,掌握种性特征,确定菌株代号,贴好标签,方可用于生产。

<h3>（二）原种制作方法</h3>

秋栽香菇的原种，一般从 5 月中旬开始制作，也就是袋栽香菇接种期往前推 80 天左右。具体时间应根据当地栽培季节的先后，分期分批进行。每支母种可扩接原种 5～6 瓶，培育时间 40～45 天。

<h3>1. 培养基配制</h3>

这里介绍几种常用的培养基配制方法。

（1）木屑培养基

① 配方 1　杂木屑 77.5%，麦麸 20%，蔗糖 1%，石膏粉 1.2%，硫酸镁 0.3%，含水量 60%，酸碱度灭菌前为 pH 值 6.5～7。

② 配方 2　杂木屑 78%，米糠 17.5%，玉米粉 2%，蔗糖 1.2%，碳酸钙 1%，硫酸镁 0.3%，含水量、酸碱度值同上。

配制方法：按比例称取木屑、麦麸或米糠、蔗糖、硫酸镁、石膏粉或碳酸钙。先把蔗糖、硫酸镁溶于水中，其余干料混合拌匀后，加入糖水反复搅拌均匀，含水量掌握在 60% 为宜。

（2）棉籽壳培养基

① 配方 1　棉籽壳 40%，杂木屑 38%，麦麸或米糠 20%，蔗糖 1%。石膏粉 1%，含水量 58%～60%，酸碱度灭菌前为 pH 值 6.5～7。

② 配方 2　棉籽壳 97.5%，蔗糖 1%，石膏粉 1%，碳酸钙 0.5%，外加 50% 多菌灵 0.1%，含水量、酸碱度同上。

制作方法：棉籽壳含有棉酚，对菌丝生长不利，因此要除去棉酚。可将棉籽壳先置于 pH 值 9～10 的石灰水中浸泡 18～24 小时，经清水冲漂至 pH 值 7 以下，然后堆制发酵 5～7 天。由于棉籽壳吸水较慢，料拌妥后，须整理成小堆，待水分停吸 1 小时后,再行装瓶或装袋。

（3）麦粒培养基

① 配方 1　小麦或燕麦粒 98%,碳酸钙 2%,含水量 50%左右。

② 配方 2　麦粒 80%,杂木屑 19%,石膏粉 1%,含水量同上。

制作方法：先将麦粒投入 0.2%漂白粉溶液内,浸泡 3 小时（大麦浸 4 小时）,然后移入 3%～5%石灰水中浸泡。在气温 30℃左右时小麦浸 12 小时,大麦浸 15 小时左右,温度低时浸水时间延长。浸至麦粒水分饱和,色转红棕为度。然后捞起用清水冲洗至 pH 值 7,沥去多余水分,或晒干后达到含水量标准时,与其他添加物混拌均匀装瓶。

2. 装瓶灭菌

（1）装瓶　把配制好的培养基及时装入菌种瓶内。常用的菌种瓶有 750 毫升的广口玻璃瓶,也可用聚丙烯菌种瓶和 14 厘米×28 厘米塑料袋。培养基要求装得下松上紧,松紧适中,过紧缺氧,菌丝生长缓慢;太松菌丝易衰退,影响活力,一般以翻瓶料不倒出为宜。装瓶后要在培养基中间钻 1 个 2 厘米深、直径 1 厘米的洞。装瓶后用清水洗净、擦干瓶外部,棉花塞口,再用牛皮纸包住瓶颈和棉塞,进行高压灭菌。在装料这一环节中,要注意掌握灭菌锅灶的吞吐量,安排配料与装瓶（袋）数量相衔接。一般高压灭菌锅 1 次装量 260 瓶或 330 瓶,用料量干木屑 26～35 千克,平均每瓶木屑量 100 克,以此为基数计算配料与装料量,避免配料过多,剩余培养料酸败变质。

（2）灭菌　不同的培养基,其灭菌温度和时间亦有差异。木屑、甘蔗渣培养基的高压灭菌,应在放尽冷气后,以 147.1 千帕,保持 2 小时,常压灭菌 100℃后,保持 6～8 小时;棉籽壳培养基高压灭菌 147.1 千帕,保持 2.5～3 小时,常压灭菌 100℃后,保持 7～8 小时即可;麦粒、玉米粒培养基,高压灭菌 147.1 千帕,保持 2～2.5 小时,常压灭菌 100℃保持 10～11 小时。如果是采用塑料袋代替菌种瓶的,在灭菌时间上要适当 延长 30 分钟,才能收到彻底灭菌的效果。

3. 接种培养

(1)接种 灭菌后的培养基,经过冷却到 28℃以下时,方可用于接种。接种前用清洁的纱布或毛巾浸入 0.1% 高锰酸钾溶液中,受湿后拧去下滴药液,把原种瓶外壁揩干净,然后连同香菇母种、接种工具一起搬到接种箱或无菌室内。

在无菌条件下将母种斜面培养基横割成 5～6 块,第一块要割长一些,因为培养基

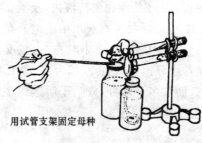

用试管支架固定母种

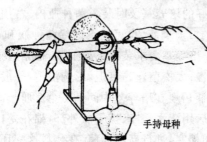

手持母种

图 3-5 母种接种原种示意图

较薄,易干燥而影响发菌。然后连同培养基移接入原种瓶,每瓶接种 1 块,且要紧贴接种穴,以利于母种块萌发后尽快吃料定植(图 3-5)。

(2)培养 原种培养室要求清洁、干燥、凉爽。接种后 10 日内,室内温度保持 23℃～25℃,不宜超过 27℃;加强通风,室内空气相对湿度以 70% 以下为好;窗户要用黑布遮光。当

菌丝长到培养基的 1/3 时,室温要比开始培育时降低 2℃～3℃,并保持室内空气新鲜。20 天之后,室温应恢复至 25℃为好。在原种培育期间,每天要检查 1 次,一旦发现杂菌侵染,就要及时淘汰。经过严格筛选,认为是理想的原种。原种培育40～45 天,菌丝色白、生长粗壮、富有弹性并布满全瓶,即为合格原种。

(三)栽培种制作方法

栽培种应根据不同地区的不同栽培季节,分别在 6 月下旬或 7 月中旬制作。每瓶原种可扩繁栽培种 60～80 瓶,菌龄40 天左右的,即可用于栽培香菇。栽培种有木屑菌种、竹木签菌种、麻秆条菌种、塑料钉菌种之分。其制作方法也有区别。

1. 木屑栽培种

木屑栽培种是使用较为普遍的生产种。其培养基配方及生产工艺流程与原种基本相同。即:配料拌匀→装瓶(袋)灭菌→冷却接种→培育管理→选优去劣→鉴定出品。

原种扩繁栽培种无菌操作方法见图 3-6。

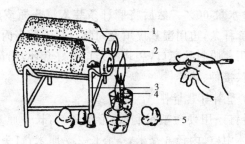

图 3-6 原种接栽培种操作示意图
1.原种瓶 2.接栽培种 3.接种架 4.酒精灯 5.棉塞

2. 竹木签栽培种

竹木签菌种的制作方法比较简单。先将竹、木按长 10 厘米锯断,再劈成 0.6 厘米×0.6 厘米的小方条,一端削尖,晒干,然后放入 1%～2% 的蔗糖水溶液中浸 12 小时,吸足营养液。若气温高,可将 1% 糖水溶液与枝条一起置于锅内煮至透心,捞起后按 5 份枝条和 1 份配制好的木屑培养基,搅拌均匀,装入聚丙烯塑料菌种袋或菌种瓶内。装入时把尖头向下,松紧适中,以装满为度。14 厘米×28 厘米的菌袋,每袋可装 160 支;750 毫升的菌种瓶,每瓶可装 120～140 支。表面再加一层 2 厘米厚的木屑培养基,棉花塞口,然后通过高压锅灭菌,冷却后接入香菇原种。接种时将菌种捣碎,撒于培养基上,或整块菌种放在培养基上也可。在 25℃ 条件下,培育 30 天左右,竹木签上就布满了菌丝,即为竹木签菌种。

3. 麻秆条栽培种

麻秆条菌种制作简易,适合麻区发展香菇袋料栽培生产。原料为红、黄麻秆,截成 3 厘米长,一端呈斜面,另一端为平面,置于含 2% 蔗糖,2% 石膏粉,0.3% 尿素和 0.1% 磷酸二氢钾的溶液中,浸泡 4～6 小时。麸皮(或米糠)用以上滤出的浸液调至含水量 60%。然后将麻秆条装入罐头瓶或塑料菌袋内,边装麻秆条,边用湿麸皮填充间隙。装满后表面再盖一薄层麦麸,用薄膜封扎瓶口,袋装的袋口上好套环,棉花塞口。按常规灭菌、接种、培养。

4. 塑料钉栽培种

塑料钉系用硬质塑料制成,形似图钉,长 4 厘米,直径 1 厘米;钉体中空,内径 6 毫米,空心长 2.7 厘米;钉头长 1.3 厘米,呈锥状;顶盖直径 2 厘米,厚 1 毫米。还有一种是制成三足鼎立的,似图钉形。使用时,将它与木屑培养基拌合均匀,使培养基填满塑料钉的中空处,按常规装瓶、灭菌、接种、培养后即为塑料钉菌种。它具有接菌深,菌丝萌发快,菌穴盖面严密,不易污染杂菌,可以多次使用等优点。据各地生产结果表明,与常规贴胶布接种对比,接种速度提高 3～4 倍,菌丝长速加快 10%,接种成本降低 2/3。

三、液体菌种培养技术

液体菌种被称为食用菌生产的时代变革。近年来各大专院校、科研单位致力攻关,开发出许多液体菌种培养机和培养器,解决了传统生产固体菌种耗时长、工艺复杂、污染率高、成本大之弊端,摆脱了繁琐笨重的手工作坊模式,通过机械设备直接用试管母种,经过摇瓶后转入发酵罐培养成菌种,这是我国食用菌制种技术上的一个新突破。

(一)液体菌种优势

香菇液体菌种与固体菌种相比,具有以下优势。

1. 生产周期短

液体菌种的生长周期仅 7 天,能在短期内培育出大批菌种,满足香菇大规模生产的需要。

2. 菌种发菌快

液体菌种为小球状菌丝体,在菌液中还有许多菌丝碎片,分散度大,接种于固体培养料中,可随培养液的下渗,带到固体培养料的各个部位,形成许多发菌中心。用液体菌种接种于袋栽香菇培养料中,其发菌期只需 40 天,菌丝即长满全袋,其瘤状突起生理成熟比固体菌种提前 20 天。且菌袋污染率较低,一般仅有 1%～2%。

3. 菌龄整齐

液体菌种是在立体培养状态下进行繁殖的,菌龄较整齐一致,且大多处于旺盛生长。接种后能迅速恢复生长,出菇较整齐,且头潮菇占总产量 15％左右。

4. 成本低廉

液体菌种每个栽培袋只需注入 10～15 毫升,成本只需 0.03 元,比固体菌种降低成本 35％～50％。

(二)生产设备与工艺流程

1. 生产设备

液体菌种生产设备有:深层发酵设备、小型发酵设备、振荡培养摇瓶机。作为化工厂生产液体菌种的单位,应采用深层发酵设备,它与抗生素、柠檬酸、味精生产设备相似。一般菌种厂可采用小型发酵培养机或培养器,即可进行液体菌种生产。北京大地富邦菌业有限公司研制一种 FB 液体培养机(彩图36-1),1 人操作,班产液体菌种 100 升,可接栽培袋 4 000～5 000 个。每台出厂价 3.5～3.8 万元(咨询电话:010-60425456);大连全禾菌业公司生产一种 CQR-100 型液体菌种培养器(彩图 36-2),3 天可产 1 罐菌液,可接栽培袋 4 000～5 000 个。每台出厂价 2.8 万元(咨询电话:0411-84332383),液体菌种培养设备见彩图 36。

2. 工艺流程

液体菌种是用液体培养基,通过多级发酵培养得到发酵菌液。发酵液含有菌丝体,可直接作液体菌种使用。深层发酵有多种工艺流程,常见有摇瓶培养和深层发酵培养。摇瓶培养工艺为:斜面母种→一级接瓶种子→二级接瓶种子→发酵罐。深层发酵培养较为复杂,其工艺流程见图 3-7。

3. 液体培养基制备

培养香菇液体菌种是根据发酵生产工艺的不同特点来确定使种何种培养基。如果是采用摇瓶培养工艺,其培养基分为一级摇瓶培养基、二级摇瓶培养基和血清瓶培养基。如果是采用发酵工艺,则需要一级种子罐培养基、二级种子罐培养基和发酵罐培养基。

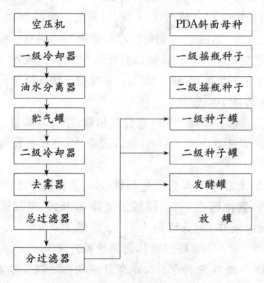

图 3-7　深层发酵工艺流程

(1)摇瓶培养基　摇瓶培养基分为一级、二级培养基和血清培养基,其配方如下。

① 一级摇瓶培养基　玉米粉 5%,砂糖 1%,黄豆粉 1%,核黄素 5 毫克,其余成分为水,以下同。

② 二级摇瓶培养基　酱油 2%,麦芽糖 1%,葡萄糖 1%,黄豆粉 1%,盐酸硫胺素 100 微克。玉米粉 0.5%,硫酸镁 0.05%,磷酸二氢钾 0.05%。

③ 血清瓶培养基　麦麸 2%,葡萄糖 1%,麦芽糖 0.5%,黄豆 1%,玉米粉 0.5%,玉米浆 0.5%,泡敌 0.06%(即聚氧丙烯甘油)。

(2)种子罐培养基　下面介绍 2 组种子罐培养基及一级、

二级种子罐的培养基装量。

配方 1　麦麸 2%,玉米粉 0.5%,葡萄糖 0.5%,麦芽糖 1%,黄豆饼粉 1%,硫酸镁 0.05%,磷酸二氢钾 0.05%。

配方 2　酱油 2%,葡萄糖 2%,砂糖 2%,黄豆饼粉 0.25%,磷酸氢二钾 0.025%,磷酸二氢钾 0.025%,硫胺素 100 微克,核黄素 100 微克,泡敌 0.06%。一级种子罐 500 毫升三角瓶,培养基装量 100 毫升。

① 一级种子罐　500 毫升三角瓶,培养基装量 100 毫升。

② 二级种子罐　5 000 毫升三角瓶,培养基装量 1 000 毫升。

(3)发酵罐培养基　葡萄糖 5%,蛋白胨 0.25%,酵母膏 0.25%,氯化钙 0.05%,磷酸二氢钾 0.25%,硫酸镁 0.05%,微量元素液 0.2%,pH 值为 7。发酵罐 200 升。

(三)液体菌种培养方法

① 一级摇瓶种子。250 毫升三角瓶 26℃,静置 12～15 天。

② 二级摇瓶种子。500 毫升三角瓶 26℃,60～80 转/分,8 天。

③ 三级摇瓶种子。5 000 毫升三角瓶 26℃,60～80 转/分,12～15 天。

④ 种子罐。50 升罐,26℃±1℃,罐压控制在 0.039～0.058 兆帕,1∶0.8 体积/分,接种量 20%～30%,5～6 天。

⑤ 发酵罐。200 升罐,26℃±1℃,罐压控制在 0.039～0.058 兆帕,1∶0.8 体积/分,接种量 20%,6～7 天。

液体菌种有多种培养方式,下面分别介绍。

1. 深层发酵培养

(1)灭菌罐压　深层发酵之前对设备、管道及培养基进行灭菌。培养基按浓度配好加入罐内,小型罐采用实罐灭菌,罐压 0.096 兆帕,罐温在 120℃下维持 30 分钟;大型罐应采用空罐及管道先行单独灭菌,罐压控制在 0.124 兆帕,罐温 125℃～130℃保持 45 分钟。培养基需连续灭菌后打入无菌罐内。连续灭菌过程保持 20～30 分钟,进入维持罐保持 10～15 分钟,再经冷管使培养基冷至 45℃～50℃,最后将灭菌培养基送入无菌罐内,即进行接种。

(2)搅拌速度　搅拌可增强培养液中氧的溶解速率,还可破碎菌体,有利于菌丝增殖。但转速不宜过高,一般转速150～200 转/分。

(3)空气流量　无菌空气是发酵生产中氧的来源。不同菌种及同一菌种在不同的生长阶段,所需的通风量有别。在发酵生产中,通常在管道上安装流量计,测定空气流量。一般采用空气流量为每分钟进气量 15～30 升。

(4)发酵时间　根据所生产香菇品种的温型特征,控制适温培养。在发酵培养期间需经常观察或取样,了解菌丝生长状况和有无杂菌污染。并根据不同生长状况调节通气量、搅拌速度和 pH 值,消除泡沫,升降温度。

(5)振荡培养　振荡培养又叫摇床振动培养,或称摇瓶培养。主要是利用摇床摇瓶设备进行培养(彩图 36-3)。将试管母种接入灭过菌的三角瓶的培养液中,在 23℃～25℃下静置培养 48 小时以后,再置于摇瓶机的摇床上振荡培养。往复式摇瓶床振幅 8 厘米,振动频率 100 次/分。种子罐和发酵罐机械搅拌速度,可分别调在 500 转/分和 250 转/分左右。液体菌种的培养不需连续地机械搅拌,搅拌机可时开时关,经过 2 小时后可关掉马达 2 小时。液体培养时间:一般在 25℃～27℃的恒温下,一级摇瓶种子为 4～7 天;二级摇瓶种子为 1～3

天。一级种子罐2～3天;二级和三级种子罐为1～3天。一般见到培养液清澈透明,具大量较小的菌球和伴有香菇的特有香味,即可中止培养。经过摇瓶培养的菌丝体呈球状、絮状等多种。培养液呈粉糊状、清液状等状态,有或无清香味及其他异味。菌液中有菌株发酵产生的次生代谢产物,呈不同颜色。在进行菌株初级培养或生理生化研究时,一般皆采用摇瓶培养法。大规模生产中,摇瓶培养的菌丝体可作为接入种子罐的菌种,也可用于发酵罐接种或再作为摇瓶的种子进行摇床培养,它只需较短时间,就可终止培养。

2.CQY 培养器培养

采用CQY 液体菌种培养器,其具体操作方法是首先利用高温蒸汽对罐体进行消毒,罐内不需另加其他介质,直接进行消毒,使罐内温度达126℃,罐压0.124兆帕,维持30～40分钟;然后把培养基放入罐中进行消毒,此过程可以用电加热,也可以用蒸汽加热。罐内温度保持120℃～124℃,压力0.096～0.124兆帕,维持30～40分钟。利用冷却水对罐进行冷却,至料温降至25℃～28℃。当罐压降至0.028兆帕时,通入无菌氧气,开启排气阀,保持罐压。然后利用火焰保护,进行接种。接种时先把火圈点燃,压在进料孔上,在火焰中把菌种瓶盖打开,将菌种注入罐里,迅速盖好拧紧,撤去火焰。把发酵罐的开关打开,启动压缩机,调节流量,调整放气阀,使罐压为0.028～0.048兆帕,即可进行培养。温度应以培养的香菇菌株的温型而定。

(四)液体菌种检验与使用

1. 液体菌种标准

液体菌种培养时间若太短,产量低,若太长,菌种则老化或自溶,合格标准如下。

（1）菌液　呈黄褐色、透明、澄清、无粘糊状、无酸臭味。

（2）菌球　容器内菌球、菌丝碎片应占菌液量的 80% 左右，80% 菌球直径小于 1 毫米。菌丝悬浮力强，静止后下沉较慢。菌球含量每毫升达 1 000～1 500 个，或将菌液经每分钟 3 000 转离心机离心 10 分钟，沉淀菌体每毫升重达 2～2.5 克。

（3）pH 值　下降到 4 以下。也可在培养液中加入复合指示剂，经 3～7 天培养颜色改变，说明培养液 pH 值为 4 左右，为发酵终点。若在 1 天内即变色，说明培养液被污染产酸所致。

（4）检查　将菌液移接入 PDA 斜面或平板上，经培养检验。培养液与空气交界的容器壁上，无灰色条状的酵母线附着物。通过油镜检查及酚红肉汤培养，应无细菌和霉菌出现。

（5）镜检　香菇菌丝具有锁状联合，菌球边缘部分菌丝分枝细密，醪液经静培养有原基形成。

（6）测定　残糖、总糖不超过 1.2%，铵态氮每毫升不超过 30 毫克。

2. 液体菌种使用方法

（1）扩繁菌种　用作原种或栽培种，其方法是取 1 支 100 毫升兽用注射器，去掉针尖，换上 1 根内径 1～2 毫米、长 100～120 毫米的不锈钢针管，制成 1 个液体菌种接种器。使用前洗净，并用纱布包好，经高压蒸汽灭菌。冷却后抽取液体菌种即可进行接种。液体菌种接种原种时，先在无菌条件下拔出原种瓶口上的棉塞，并改换无菌薄膜包扎瓶口。接种时，将针管插入瓶口上的薄膜，注进菌液。每瓶接种量为 10～15 毫升，菌液均匀分布在培养基表面。然后拔出针管，用胶布封贴针孔，竖放在培养室的床架上进行培养。

（2）用于栽菇　用于栽培袋大面积接种，可采用多管接种器。该器具是由带防菌罩和深度卡标的多管接种头，以及带阀门的定量吸压软球组成。使用时只需1人单手操作。每接种1袋仅需数秒钟，比单针管接种工效提高8倍。如果采用液体菌种自动接种机，时/台可接种1 500～2 000袋（彩图36-4），速度快、污染率低。

四、胶囊型菌种工厂化生产技术

胶囊型菌种是仿效塑料工程压模制造工艺，生产出胶囊一样，将菌种一颗一颗地压入塑料蜂窝板上，由泡沫透气盖封口，一次性压制成胶囊菌种（彩图37-1）。

胶囊菌种早在20世纪90年代初，韩国从日本引进技术和配套设备，替代了瓶装木屑菌种和木钉菌种。2000年，浙江省从韩国引进此项设备和技术并在丽水市科委立项，对胶囊菌种标准化繁育技术进行了研究并投产。2004年浙江省丽水市庆元县食用菌科研中心生产出胶囊菌种1万片（1×600颗），应用于香菇生产，接种栽培袋200万个，效果很好（彩图37-2，37-3）。现介绍如下。

（一）胶囊菌种工艺流程

胶囊型菌种制作工艺流程见图3-8。

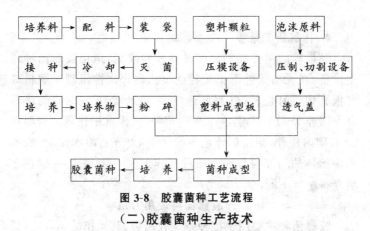

图 3-8　胶囊菌种工艺流程

(二)胶囊菌种生产技术

1. 菌种底物培养

按照所确定的香菇菌株进行培养。经培养后的底物和菌丝体通过粉碎,再压制成型。对底物和菌丝体组成及粉碎设备设计要求很高,除了生产过程中必须不被杂菌污染外,成型后的胶囊菌种要求愈合恢复快,且即使保藏时间长,也不易老化和形成菌皮。

2. 塑料蜂窝板制造

每板 600 个孔,孔底塑料很薄,用手一按就可把胶囊菌种弹出,且必须不受损伤。板面几百个孔位置精度要求相当高,必须与几百个透气盖相对应,方能 1 次性压制成型,透气盖压制后,必须周边密封,不让底物和菌丝体水分过量蒸发。

3. 透气盖板制造

透气盖板厚度只有 0.2 厘米,上面要切割几百个塑料蜂窝板对应的透气盖,切割后盖子不得脱落,要求整个盖子整圈割断,不得未断筋,以保证菌种底物和菌丝体成型过程中几百个孔 1 次性成型。因此,对切割刀片的精度和硬度、锋利程度要求相当高。

4. 压制成型培养

经培养的菌种底物和菌丝体经粉碎后,运用胶囊菌种成型设备,在无菌条件下把菌种通过机器一次性压制于塑料蜂窝板孔内,同时一次性封好透气盖,放于 20℃～24℃ 的培养室内培养 7～10 天,若在 2 周内接种,只需常温保藏。若要在 2～8 周内接种,则需加外包装后存于 4℃ 左右冷库保藏。底物和菌丝体的培养与普通栽培种制作工序一样,主要区别在于培养料配方不同。

(三)胶囊菌种使用方法

胶囊菌种主要用于接种香菇栽培袋,其操作简单方便,只需把接种室清理消毒,接种时 2 人一组,1 人给料袋打孔,1 人用胶囊菌种接种。因为胶囊菌种大小一致、呈锥形,且带透气盖,用专门配备的打孔器给料袋打孔,把胶囊菌种塞入袋内即可,无须封口。胶囊菌种接种时,由于整颗不受损伤,不需像常规木屑菌种一块块分成碎块接种,且又连着透气封口盖,吃料发菌快,成活率高。一般菌袋接种成活率可达 99％ 以上。

胶囊菌种与普通栽培种相比,还具有贮运方便、保藏期长、接种操作简单快捷,成本比常规木屑菌种低、成活率高的优势,又很适合集约化生产,对提高菌种生产标准化水平、良种覆盖率和整个香菇产业的技术水平,将产生积极的促进作用(咨询电话:0578-61227407)。

五、菌种保藏与复壮

为保持香菇菌种的优良性状,不致因变异而退化,常把菌种置于低温、干燥和缺氧环境等进行保藏,使菌丝静止或者维持最低代谢活动,处于休眠状态。准备重新使用时,可将休眠状态的菌丝移到斜面培养基上,在适温下培养活化,这种方法叫做菌种保藏法。

（一）菌种保藏方法

1. 低温保藏

将长满菌丝的试管母种,用塑料薄膜包好或放入铝制饭盒内,置于4℃冰箱内,可保藏3～4个月。满这个时限后,再转管移接1次,继续放入冰箱内保藏。

2. 石蜡保藏

在菌种斜面上注入一层无菌的液体石蜡,使菌丝体与空气隔绝,以降低代谢活性。液体石蜡的装入量以淹过斜面尖端1厘米为宜,然后塞上棉塞,放于4℃～15℃常温下保藏(图3-9)。

3. 盐水保藏

将菌种接入液体培养基中,培养1周左右,挑出菌丝体,加入盛有生理盐水(0.85克食盐,溶于100毫升水中,高压灭菌后即成生理盐水)的试管中,封存后,可在常温下存放2年,不影响菌种的存活和形成子实体。

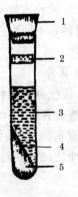

图 3-9　菌种液体石蜡保藏图示
1.胶塞　2.标签　3.液体石蜡
4.菌种　5.培养基

（二）菌种复壮方法

菌种长期保藏或长期使用,以及转管次数过多,都会导致生活力降低。因此,要经常进行复壮,目的在于确保菌种优良性状和纯度,防止退化。复壮方式有以下几种。

1. 分离提纯

就是重新选育菌种。在原有优良菌株中,通过栽培出菇,然后对不同系的菌株进行对照,挑选性状稳定、没有变异、比其他菌株强的,再次分离,使之继代。

2. 活化移植

菌种在保藏期间,通常每隔 3～4 个月要重新移植 1 次,并放在适宜的温度下培养 1 周左右,待菌丝基本布满斜面后,再用低温保藏。但应在培养基中添加磷酸二氢钾等盐类,起缓冲作用,使培养基 pH 值变化不大。

3. 更换养分

各种菌类对培养基的营养成分往往有喜新厌旧的现象,连续使用同一树种木屑培养基,会引起菌种退化。因此,注意变换不同树种和不同配方比例的培养基,可增强生活力,促进良种复壮。

4. 创造环境

一个品质优良的菌种,如传代次数过多,或受外界环境的影响,也常造成衰退。因此,在育种过程中,应创造适宜的温度条件,并注意通风换气,保持室内干燥,使其在适宜的生态条件下,稳定性状,健康生长。

第四章　无公害香菇的病虫害防治

一、无公害综合防治措施

(一)生态防治

生态防治要求优化环境,清除污染源,这是病虫害防治工作的基础。具体要做好以下几方面。

1. 选好场地

按照第一章无公害香菇产地环境条件中,对栽培房棚的"四要求"、"五必须",进行场地选择与处理,确保香菇产地的安全卫生。

2. 优化生态环境

产地生态环境要按照国家 GB/T 18407—2001 《农产品安全质量　无公害蔬菜产地环境要求》中规定的土壤质量、水质量、空气质量指标,控制污染源。

3. 合理轮作

野外栽培棚的场地,采取菇稻轮作,一年种香菇,一年种水稻(彩图 25),对防治病虫害有好处。因为长期栽培一个品种,其病虫害繁殖指数和其抗逆能力也随着上升和增强。如果间隔 1～2 年后,再轮换回来,在这间隔期间由于品种的变换,对专害性病虫感到不适应,也会外逃,侵害也就减少。

(二)生物防治

利用生物或生物代谢产物来防治病虫,称为生物防治。生物防治包括采取植物性药物和培养动物性天敌来治虫,以及菇身强壮克制病虫害。

1. 植物药剂

利用有些植物含有杀菌、驱虫的药物成分,作为防治病虫害的药剂。如除虫菊,是绿色植物农药的理想原料,主要含有除虫菊素,花、茎、叶可制除虫菊酯类农药,是合成敌杀死、速灭丁的重要原料。可将除虫菊加水煮成药液,用于喷洒菇房环境,杀灭害虫;还可将除虫菊熬成浓液,涂粘于木板上,挂在灯光强的附近地方诱杀菇蝇、菇蚊,效果很好。此外茶籽饼也是植物农药。茶籽是油茶植物的果实,榨油后的茶籽饼气味芬芳,有杀虫的作用,将其磨成粉撒在纱布上,螨虫就会聚集于纱布,然后把纱布浸在浓石灰水里,螨虫便会被杀死,连续多次杀螨效果可达 90%以上。此外烟草、苦楝、臭椿、辣椒、大蒜、洋葱、草木灰等都可作为植物制剂农药,用于杀虫,成本低廉,又无公害。

2. 微生物杀虫剂

苏云金杆菌(简称 Bt)是一种天然的昆虫病原细菌,可防治鳞翅目害虫、线虫和螨类等。在 30℃左右时,杀虫死亡速度快,是理想的生物农药,对人、畜安全。苏云金芽孢杆菌的侵染方式是内毒素作用,使昆虫致死,还可由消化道入侵昆虫体腔中,通过大量繁殖而引起昆虫败血致死,对环境安全。此外还可采取以虫治虫,如利用寄生蜂、寄生蝇防治其他害虫。

3. 壮菇抑虫

所谓壮菇抑虫就是从各方面创造条件培育壮香菇菌体,以强制胜,抑制病虫害。它包括两方面,一方面在生产过程中从原料选择,培养料配制,堆制发酵,要求不含病虫,不霉变,袋料高压、高温灭菌要彻底,接种严格执行无菌操作,使培养料质量提高,病虫害减少,产生健康菇体;另方面是选择有特异性气味的菇类进行交叉轮种。如竹荪有一股特别浓香气味，蕈蚊飞虫见味即飞，不敢接近。可在较大菇棚旁栽培竹荪几平方米面积，让其子实体散出气味，驱除蚊虫；也可作为轮换品种，使菇棚内有自然防治虫害的基础条件。

（三）物理防治

物理防治是利用各种物理因素、人工或器械杀灭病菌和害虫均属此范围。具体如下。

1. 特殊光线杀菌诱虫

利用日光曝晒、紫外线杀菌。接种室、超净工作台、缓冲室内安装 30 瓦紫外线灯，每次照射 25～30 分钟，能有效地杀灭细菌、霉菌。黑光灯波长 36.5～40 纳米，具有较强诱杀力。许多昆虫具有趋光性，可在菇房棚内安装黑光灯，诱杀蝼蛄、叶蝉、菇蚊、菇蝇、菇蛾。

2. 臭氧气体杀菌

臭氧具有高效广谱消毒灭菌作用。通过高压放电，把空气中的氧气转变成臭氧，再由风扇把臭氧吹散到空气中消毒杀菌，或由气泵把臭氧注入混合水中形成灭菌水剂，喷洒消毒灭菌，这是新一代消毒灭菌设备。

3. 隔离保护

香菇发菌室门窗安装尼龙窗纱网，防止窗外蛾、蚊、蝇及其他昆虫飞入为害。野外菇棚栽培香菇，可用 30 目尼龙遮阳网遮盖，既可防虫，又可遮阳。

4. 人工捕杀

香菇菌袋室内发菌培养阶段常遭鼠害，可采用捕鼠夹捕捉；野外菇棚常出现蛴螬、蛞蝓、飘虫等入侵，可直接捕捉。

（四）药剂防治

1. 用药原则

利用农药治虫是一种应急措施。在确实需要用药时，首先应选用生物农药或生化制剂农药。如：8010、白僵菌、天霸等；其次选择特异性昆虫生长调节剂农药，如农梦特、抑太保、卡死克、除虫脲、灭幼脲等；再则选用高效、广谱、低毒、残留期短的药剂，如敌百虫、辛硫磷、福美双、百菌清、克螨特、锐劲克、甲基托布津、甲霜灵等。用药时期，强调在未出菇或每批菇采收结束后进行，并注意少量、局部施用，防止扩大污染。特别强调，严禁在长菇期间喷洒药剂。

2. 农药要求

所有使用的农药，都必须经过农业部农药检定所登记的品种。严禁使用未经登记和没有生产许可证的农药，以及无厂名、无药名、无说明书的伪劣农药。

3. 不得使用禁用农药

严格执行国家农业部 2002 年 5 月 24 日，第 199 号公告明令禁止使用的 18 种农药：六六六、滴滴涕、毒杀酚、二溴氯丙烷、杀虫脒、二溴乙烷、除草醚、艾氏剂、狄氏剂、汞制剂、砷类、铅类、敌枯双、氟乙酰胺、甘氟、毒鼠强、氟乙酸纳、毒鼠硅。《中华人民共和国农药管理条例》规定的剧毒和高毒农药不得在蔬菜生产中使用的农药，香菇作为蔬菜的一类，应遵照执行。

4. 用药方法

任何农药都不得超出批准规定的使用范围。因此，首先熟悉病虫种类，了解农药性质，按照说明书规定的使用范围，防治对象、用量、用药次数等事项使用，不得盲目提高使用浓度。做到用药准确、适量、正确复配，交替轮换用药，防止单一长期使用一种农药,使病虫产生抗性,同时要选用相应的施药器械。

5. 注意安全

配药时人员要戴好胶皮手套,禁用手拌药;配药时远离水源和居民点的安全地方;要专人看管,防止丢失或人、畜、禽误食中毒。喷药注意个人防护,戴好防毒口罩;打药期间不得饮酒,禁止吸烟、喝水、吃其他东西,不得用手擦嘴、脸、眼睛。

二、杂菌识别与防治措施

(一)木 霉

木霉又名绿霉。为害香菇生产的主要是绿色木霉、康氏木霉、粉绿木霉和多孢木霉、长梗木霉,是一种竞争性杂菌。

1. 形态特征

木霉菌丝生长浓密,初期呈白色斑块,逐步产生浅绿色孢子。菌落中央为深绿色,向外逐渐变浅,边缘呈白色;后期变为深黄绿色、深绿色,会使培养基全部变成墨绿色。菌丝有隔膜,向上伸出直立的分生孢子梗,孢子梗再分成两个相对的侧枝,最后形成梗。小梗顶端有成簇的分生孢子,两种木霉形态见图4-1。

2. 发生与危害

木霉菌,为竞争性杂菌,又是寄生性病原菌。既能寄生于香菇的菌丝中,接触寄主菌丝后,能把寄主的菌丝缠绕,切断,还会分泌毒素,使培养料变黄消解。木霉菌适于在15℃～30℃温度和偏酸性的环境中生长。常发生在香菇菌种和栽培袋的培养料内,也侵染子实体。它与香菇争夺养分和生存空间。受其侵染后香菇的养分掠夺,严重的使培养料全部变成墨绿色,

图 4-1　木霉

1. 绿色木霉　2. 康氏木霉

发臭变软,导致整批菌袋腐烂;子实体受其侵染后发生霉烂,给生产者带来严重损失。

3. 防治方法

净化环境,杜绝污染源;培养料灭菌必须彻底,接种时严格执行无菌操作;菌袋堆叠要防止高温,定期翻堆检查;出菇阶段防止喷水过量,注意菇房通风换气。如在菌种培养基上发现绿色木霉时,这些菌种应立即废弃。如在菌袋料面发现绿霉菌,可用 5％石炭酸混合液或用 75％百菌清可湿性粉剂 1 000～1 500 倍溶液注射于受侵染部位;污染面较大的采取套袋,重新进行灭菌、接种。子实体被侵染时,提前采收,避免蔓延。

(二)链孢霉

链孢霉,又名脉孢霉、串珠霉、红色面包霉、红粉菌。属于囊菌纲、粪壳霉目。

1. 形态特征

链孢霉是最为常见的一种杂菌,其菌落初为白色、粉粒状,后为绒毛状;菌丝透明,有分枝、分隔、向四周蔓延;气生菌

208

丝不规则地向料中生长,呈双叉分枝。分生孢子成链状、球形或近球形,光滑,初为淡黄色,后为澄红色,其形态见图 4-2。

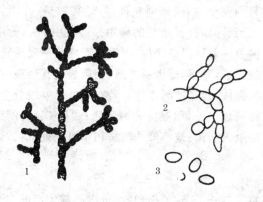

图 4-2　链孢霉

1. 孢子梗分枝　2. 分生孢子穗　3. 孢子

2. 发生与危害

链孢霉是土壤微生物,适于高温、高湿环境繁殖。菌丝细而色淡,气生菌丝就会长出一些粉红色分生孢子。栽培袋破孔的就更易污染,还能长出成串的孢子穗,形同棉絮状,蓬松霉层。孢子随风传播蔓延扩散极快。不少的菌袋受其污染,出现"满堂红",危害严重。

3. 防治办法

链孢霉多从原料中的棉籽壳、麦麸、米糠带入,因此,选择原料时要求新鲜,无霉变、并经烈日暴晒杀菌。塑料袋要认真检查,剔除有破裂与微细针孔的劣质袋;清除生产场所四周的废弃霉烂物;培养料灭菌要彻底,未达标不轻易卸袋,接种可用纱布蘸酒精擦袋面消毒,严格无菌操作;菌袋排叠发菌室要干燥,防潮湿、防高温、防鼠咬;出菇期喷水防过量时,注意通风,更换空气。

一旦在菌种瓶棉塞或料面上发现链孢霉时,立即废弃;在栽培袋料面发现时,速将菌袋排稀,疏袋散热,并用石灰粉撒于袋面,起到降温抑制杂菌的作用。同时用75％的甲基托布津500倍液注射到侵染部位,用手按摩使药液渗透料内,然后用胶布封针眼。链孢霉极易扩散,当菌袋受其侵染时,最好采用塑料袋裹住,套袋控制蔓延。若在袋外已发现分生孢子时,可用柴油或煤油涂擦,促使萎缩致死;或用75％百菌清1500倍液喷洒杀灭病菌。被污染的菌袋切不可到处乱扔,以免污染空间。

(三)毛 霉

毛霉又名长毛菌、黑面包霉。危害香菇生产的主要为总状毛霉、大毛霉和刺状毛霉,属真菌门,毛霉目。

1. 形态特征

菌丝白色透明,分枝,无横隔,分为潜生的营养菌丝和气生的匍匐菌丝。孢子梗从匍匐菌丝上生出,不成束,单生,无假根。孢子囊顶生,球形,初期无色,后为灰褐色。孢囊孢子椭圆形,壁薄。结合孢子从菌丝生出。PDA培养基上气生菌丝极为发达,早期白色,后灰色,与根霉相比黑色小颗粒明显少,其形态见图4-3。

2. 发生与危害

毛霉常发生在菌种和栽培袋的培养料上,适应性极强,生长迅速。随着菌丝生长量增加,形成交织稠密的菌丝垫。原因多为周围环境不卫生,培养室、栽培场通风不良,湿度过大;菌瓶棉塞受潮或菌袋内培养料偏酸或含水量过高。这种霉菌发生在培养料上与香菇菌丝争夺养分,破坏香菇菌丝正常生长,直至菌袋变黑报废。

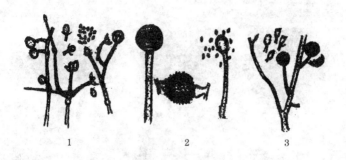

图 4-3　毛　霉
1. 总状毛霉　2. 大毛霉　3. 刺状毛霉

3. 防治方法

注意净化环境条件,培养料彻底灭菌,严格接种规范操作,加强房棚消毒,注意室内通风换气,降低空气相对湿度,以控制其发生。一旦在菌袋培养料内发现侵染时,可用70%~75%酒精或用pH值为9~10的石灰上清液注射患处。

(四)曲　霉

曲霉,其品种较多,危害香菇的主要是黑曲霉、黄曲霉、土曲霉和灰绿曲霉。

1. 形态特征

曲霉的菌丝比毛霉菌粗短,初期为白色,以后会出现黑、黄、棕、红等颜色。菌丝有隔膜,为多细胞霉菌,部分气生菌丝可分生成孢子梗。分生孢子梗顶端膨大为顶囊。顶囊一般呈球状,表面以辐射状长出一层或两层小梗,在小梗上生着一串串分生孢子。以上这几部分合在一起称为孢子穗。分生孢子基部有一足细胞,通过它与香菇营养菌丝相连。3种曲霉形态见图 4-4。

图 4-4 曲　霉

1. 黑曲霉　2. 黄曲霉　3. 土曲霉

2. 发生与危害

曲霉广泛分布于土壤、空气、各种有机物及农作物秸秆中。在 25℃以上,湿度偏大,空气不新鲜的环境下易发生。曲霉常侵染香菇菌袋表面,争夺养料和水分,分泌有机酸类毒素,影响香菇菌丝生长发育,并发出一股刺鼻的臭气,致使香菇菌丝死亡;同时也危害子实体,造成烂菇。

3. 防治措施

防治办法除参考木霉、链孢霉外,菇房要加强通风,增加光照,控制温度,造成不利于曲霉菌生长的环境。一旦发生侵染,首先隔离被侵染袋,加强通风,降低相对湿度。侵染严重时,可喷洒 pH 值为 9～10 的石灰清水,或注射 1∶500 倍的甲基托布津溶液。幼菇发生时可用 50%腐霉利可湿性粉剂1 000 倍液喷洒杀灭,成菇期可提前采收。

(五)青　霉

青霉,常见的有黄青霉、圆弧青霉、苍白青霉、淡紫青霉、疣孢青霉。

1. 形态特征

青霉在自然界中分布极广,菌丝前期多为白色,后期转为绿色、蓝色、灰绿色等。青霉的菌丝也与曲霉相似,但没有足细胞。孢子穗的结构与曲霉不同,其分生孢子梗的顶端不膨大,无顶囊,而是经过多次分枝产生几轮对称或不对称的小梗,最后小梗顶端产生成串的分生孢子,呈蓝绿色,其形态见图4-5。

2. 发生与危害

青霉一般侵染培养料表面,出现形状不规则、大小不等的青绿色菌斑,并不断蔓延。适宜温度 20℃～25℃,在弱酸性环境中繁殖迅速,与香菇菌丝争夺养分,产生毒素,隔绝空气,破坏香菇菌丝生长,影响子实体形成。

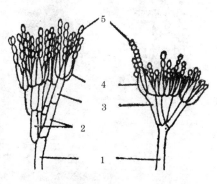

图 4-5 青 霉

1. 分生孢子梗 2. 副枝 3. 梗基
4. 小梗 5. 分生孢子

3. 防治方法

防治办法参考木霉。特别强调发菌培养室加强通风,菇棚保持清洁,同时注意降低温、湿度,以控制其侵染。若局部受侵染时,可用 5%～10%石灰水涂刷或在患处撒石灰粉;也可用福美双 75%可湿性粉剂 1 500 倍液杀灭该菌。

(六)根 霉

根霉又名面包霉。危害香菇的主要为黑根霉。

1. 形态特征

霉层初期灰白或黄白色,后变成黑色,到后期变成黑色颗粒状。菌丝分为潜生于袋料内的营养菌丝和生于空气中产生孢子的气生匍匐菌丝。后者与袋料面平行作跳跃式蔓延,并在接种点产生假根,孢囊梗由此长出。多孢囊梗丛生,不分枝,顶部膨大,初为白色,后变黑。孢囊孢子无色或黑色,其形态见图4-6。

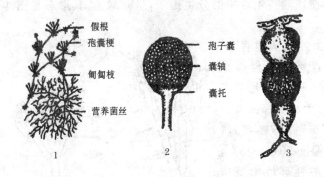

图 4-6 根 霉
1. 生长状况 2. 孢子囊 3. 结合孢子

2. 发生与危害

根霉发生的主要原因,常由于培养室、栽培房棚通风不良,湿度过大,培养料含水量过多。在 pH 值为 4～6.5 的范围内生长较快。主要破坏培养料内养分,受害处表面形成许多圆球状小颗粒体,出现霉层,使香菇菌丝无法生长。

3. 防治方法

首先把好基质关,配料时掌握好含水量,灭菌保证达标,装袋、搬袋过程严防破袋;接种严格无菌操作,发菌培养期加强室内通风换气,降低空气相对湿度。一旦在培养料内发现侵染时,应把室内温度控制在 20℃～22℃,再用 70%～75%酒精注射受侵染处,或用 pH 值为 8.5 的石灰清水涂刷受侵染处,控制扩散。

(七)酵 母 菌

酵母菌是单细胞的真核微生物,在工业、农业、食品加工等领域中被广泛利用。香菇生产中却是有害的,常见酵母菌有酵母属和红酵母属。

1. 形态特征

酵母菌为单细胞,卵圆形、柠檬形,有些酵母菌与其子细胞连在一起形成链状假菌丝。酵母菌的菌落有光泽,边缘整齐、较细菌大、厚,颜色有红、黄、乳白等不同类别,酵母菌形态见图 4-7。

2. 发生与危害

酵母菌广泛分布于自然界,在空气和含糖类的基质及果园土壤中均可生存,并不断繁殖。培养料配制时,常因含水量偏高,拌料装袋时间拖延,基质偏酸,酵母菌极易侵染。香菇菌袋受害后变质,呈湿腐状,散发出酒糟

图 4-7 酵母菌形态

气味;菌种接入料中菌丝不萌发、不定植,造成栽培袋酸败。子实体被害后腐烂。

3. 防治办法

首先把好原料关,特别是棉籽壳和麦麸要求无霉变。使用前将棉籽壳暴晒 24 小时,配制时拌料、装袋时间不超过 4 小时,因培养料加水及糖等有机物后,时间拖延极易引起变酸;料袋灭菌要求达 100℃,保持 16～18 小时,将潜存的酵母菌杀灭。一旦发现经测定确认是酵母菌危害时,只能将菌袋剖开,把培养料取出摊铺于水泥地上,并按料量加入 3％生石灰

拌匀,整成堆闷24小时后,再摊开让烈日暴晒至干,配合新料再利用。

三、常见虫害与防治措施

(一)菌 蚊

1. 形态特征

菌蚊品种不同,形态亦有差别,下面介绍常见的几种菌蚊。

(1)小菌蚊 雄虫体长4.5～5.4毫米,雌虫5～6毫米,淡褐色,头深褐色。幼虫灰白色,长10～13毫米,头部骨化为黄色,头的后缘有一条黑边。蛹乳白色,长6毫米左右。

(2)真菌瘿蚊 又名嗜菇瘿蚊。成虫为微弱细小的昆虫,雌虫体长平均为1.17毫米,雄虫长0.82毫米。成虫头部、胸部背面深褐色,其他为灰褐色或橘红色。雄虫触角比雌虫长,翅宽大,有毛,透明,外生殖器发达,呈一对钳状抱器。

(3)厉眼蕈蚊 又名平菇厉眼蕈蚊。成虫体长3～4毫米,暗褐色,幼虫头黑色,胸及腹部乳白色。无足,蛆形。蛹初化乳白色,后渐变淡黄至褐色,长2.9～3.1毫米。

(4)折翅菌蚊 成虫体黑灰色,长5～6.5毫米,体表具黑毛。幼虫乳白色,长14～15毫米,蛹灰褐色,长5～6.5毫米。

(5)黄足蕈蚊 又名菌蛆。成虫体形小,如米粒大,繁殖力强,一年发生数代,产卵后3天便可孵化出幼虫。幼虫似蝇蛆,比成虫长,全身白色或米黄色,仅头部黑色。

以上5种菌蚊形态见图4-8。

2. 发生与为害

从菌蚊的栖息环境看,有的潜存在菇房内,有的潜存在产品仓库中。发生的原因多为周围环境杂草丛生、垃圾、菌渣乱

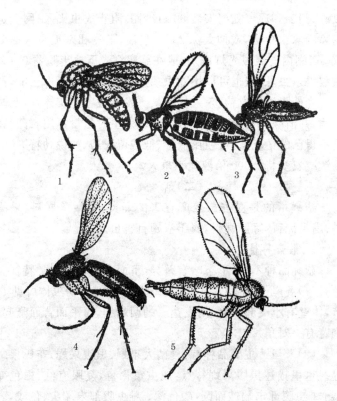

图 4-8 菌 蚊

1. 小菌蚊 2. 真菌瘿蚊 3. 厉眼蕈蚊 4. 折翅菌蚊 5. 黄足蕈蚊

堆,给害虫提供寄生繁衍条件;加之菇房防虫设施不全,害虫飞入无阻,给害虫生存繁殖有了再生的场所。菌蚊绝大部分是咬食子实体。而幼虫也潜入较湿的培养料内咬食香菇菌丝,并咬蚀原基,将子实体咬蚀,造成干缩死亡。

3. 防治方法

注意菇房及周围的环境卫生,并撒石灰粉消毒处理,杜绝虫源。门窗和通气孔要安装 60 目纱网,阻止成虫飞入;网上定期喷洒除虫菊液,或抑太保 2 000 倍液,阻隔和杀灭飞入的菌蚊。房棚内安装黑光灯诱杀,或在菇房灯光下放半脸盆 0.1%敌敌畏杀虫乳油,也可以用除虫菊熬成浓液涂粘于木板上,挂在灯光的附近地方,粘杀入侵菌蚊。发现被害子实体,应及时采摘,并清除残留,涂刷石灰水。菌蚊发生时尽量不用农药,在迫不得已的情况下,可使用低毒、低残留农药,如锐劲特 3 000 倍液或农梦特 2 000 倍液喷洒杀灭。

(二)菇 蝇

菇蝇指的是对香菇生产有害的蝇类,包括蚤蝇科、果蝇科、扁足蝇科、寡脉蝇科,属于双翅目害虫之一。

1. 形态特征

菇蝇品种不同,形态略有差异,下面介绍常见蝇类特征。

(1)蚤蝇 体微小,头小,复眼大,单眼小。幼虫体可见 12 节,体壁有小突起,后气门发达。蛹两端细,腹平而背面隆起,胸背有一对角。

(2)果蝇 主要品种有:食菌大果蝇、黑腹果蝇、布氏果蝇等。这里描述黑腹果蝇特点:成虫黄褐色,复眼有红、白色变型。雄虫腹部末端钝而圆,颜色深;雌虫腹部末端尖、色浅,乳白色,长 0.5 毫米。幼虫乳白色、蛆形,爬到菌袋或菇床上化蛹。最适温度 20℃～25℃,一年发生多代,每代 12～15 天。

(3)厩腐蝇 成虫体长 6～9 毫米,暗灰色。翅前缘刺很短,翅脉末端向前方略呈弧形弯曲,翅肩鳞及前缘基鳞黄色。后足腿节端半部腹面黄棕色。

(4)扁足蝇 虫体小型,黑色或灰色,是具黑斑的蝇类。头大,有单眼,复眼很发达,触角芒很长,位于背面或末端。胸和腹部只有短毛而无刚毛;翅发达,翅脉明显。

上述 4 种菇蝇形态见图 4-9。

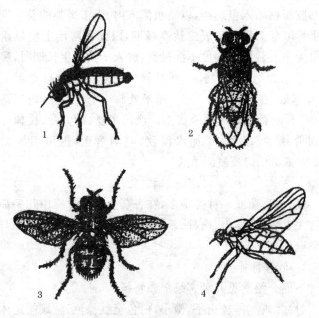

图 4-9 菇 蝇
1. 蚤蝇 2. 果蝇 3. 厩腐蝇 4. 扁足蝇

2. 发生与为害

菇房通风不良,湿度过大,烂菇不及时处理,常造成蝇类成虫产卵繁殖。蝇主要取食香菇菌丝和幼菇,并从菇柄入侵,咬食柔嫩组织。菇房内湿度越大,发生越严重。幼虫老熟后在菌袋穴内化蛹,繁殖下一代。蝇类有明显趋向性,白天活动。还会携带大量病源菌孢子,线虫、螨类等,是病害的传播媒介,为害极大。

3. 防治方法

做好消灭越冬虫源,彻底消除菇房四周的腐败物质,经常用石灰消毒;搞好菇房内卫生,门窗装上 60 目的尼龙纱,门上挂粘胶板粘杀入侵蝇类,以防虫源入内。由于蝇类的发生期由 3 月下旬至 7 月上旬成虫达高峰期,因此在防治上应以杀灭成虫为主。栽培房湿度不能过高,进入子实体生长期时,房棚内悬挂黑光灯诱杀,将 20 瓦灯管横向装在培养架顶层上方 60 厘米处,在灯管正下方 35 厘米处放一个收集盘,内盛适量的 0.1% 敌百虫药液诱杀成虫。或用半夏、野大蒜、桃树叶和柏树叶捣烂,以 1:1 加水浸渍,喷洒杀灭,也可用抑太保 2 000~3 000 倍液喷洒杀灭。

(三)螨 类

螨,俗称菌虱。种类很多,在香菇生产全过程中几乎都与螨有关。诸如培养料、菌种、栽培房棚,以及周围环境等都与螨关系密切。

1. 形态特征

下面介绍常见几种害螨形态特征。

(1)蒲螨 体较扁平,微小,白色至红棕色。雌螨前足体有 2 个假气门器,雄螨则无,两性均无生殖吸盘。

(2)家食甜螨 雄螨体长 0.31~0.4 毫米,体毛硬直,呈辐射状,假气门刺叉状,具分支。雌螨稍大,体长 0.4~0.75 毫米。

(3)粉螨 体色淡,半透明,体形较圆,颚体的须肢小而不明;躯体有一横钩分为前后两部,背毛多短小。雄螨有肛吸盘和附节吸盘。

(4)兰氏布伦螨 体椭圆形,黄白至红褐色,大量发生时呈 666 粉状。幼螨体很小,无色透明,取食后即寻找菌丝多的地方静止不动,后半体逐渐隆起成半球形。几天后蜕皮变为成螨。每头雌螨产卵近百粒,卵无色,以珍珠般堆积在雌螨体末。

（5）害长头螨　雄螨体长 0.14 毫米，宽 0.8 毫米，微小白色。未孕雌螨体长 0.17 毫米，宽 0.1 毫米，细小扁平。体白色，大量聚集时呈白色粉末状，上述 5 种害螨形态见图 4-10。

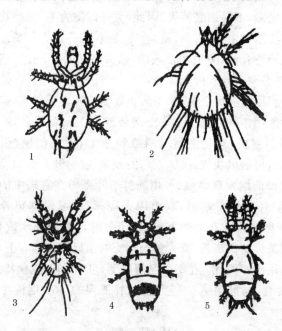

图 4-10　螨　类
1. 蒲螨　2. 家食甜螨　3. 粉螨　4. 兰氏布伦螨　5. 害长头螨

2. 发生与为害

螨类主要来源于仓库、饲料间或鸡棚里的粗糠、棉籽壳、麦麸、米糠等，通过培养料、菌种和蝇类带入香菇栽培房棚内。蒲螨和粉螨繁殖很快，在 22℃下 15 天就可繁殖 1 代。螨类以吃香菇菌丝为主，被害的菌丝萌发力差，使子实体久不出现。菌袋受螨害后，接种口的菌丝首先被吃食而变得稀疏或退化，影响出菇或造成烂菇。

3. 防治方法

螨类难以根除。因螨虫小,又钻进培养料内,药效过后,它又会爬出来,不易彻底消灭。因此,只好以防为主,保持栽培场所周围清洁卫生,远离鸡、猪、仓库、饲料棚等地方。场地可用73%克螨特乳油3 000倍液喷洒,杀灭潜存螨源。在栽培环节中,原料必须选择新鲜无霉变,用前经过曝晒处理。在接种穴封口胶膜拱起通风之前,为了防止螨类从开口处侵入,菇房可提前1天用73%克螨特3 000倍液或50%敌敌畏乳油1 000倍液喷洒室内,然后把室温调节到20℃,关闭门窗,杀死螨类。尔后再通风换气,排除农药的残余气味,开启封口物。子实体生长前期发现螨虫,可用新鲜烟叶平铺在有螨虫的菌袋旁,待烟叶上聚集螨时,取出用火烧死;也可用鲜猪骨间距10~20厘米排放在有螨害处,待诱集时取出用沸水烫死;还可以用茶籽饼研成粉,微火炒至油香时出锅撒在纱布上,诱螨后取出用沸水烫死。在不得已情况下,可用73%克螨特3 000倍液喷洒,也可用2.5%塞嗪酮(扑虱灵)1 500倍液喷洒杀灭。

(四)菇 蛾

1. 形态特征

蛾体翅覆盖鳞片,口器虹吸式,幼虫除3对胸足外,一般还有5对腹足,腹足端部生有趾钩,这是蛾体态共同点。而品种不同,翅膀、体态长短,大小、色彩各异。谷蛾成虫体长5~8毫米,翅展10~16毫米;头顶有显著灰黄色毛丛;前后翅均有灰黑色长缘毛,体及足为灰黄色。印度螟蛾体长6.5~9毫米,翅展13~18毫米,身体密被灰褐色及红褐色鳞片,下唇须向前伸,末节稍向下;前翅狭长,基部2/5翅面灰白色,头部3/5

红褐色；后翅灰白色，缘毛暗灰色。菇蛾形态见图 4-11。

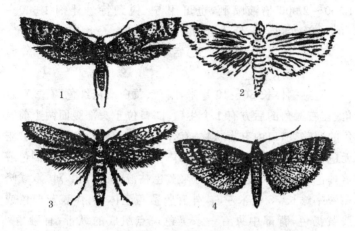

图 4-11　菇　蛾

1. 谷蛾　2. 印度螟蛾　3. 麦蛾　4. 粉斑螟蛾

2. 发生与为害

蛾及幼虫休眠越冬，以取食为害。成虫多在当年接种穴周围产卵，初孵幼虫钻入菌袋接种穴内，残食香菇菌丝体，并蛀入内层菌丝。菇蛾也常出现在香菇干品仓库中，咬食菇体。

3. 防治方法

(1)控制虫源　菇房或仓库应安装纱门纱窗，防止成虫进入室内，减少虫源。野外栽培棚注意环境卫生，清除周围杂草，以减少虫源。

(2)人工捕杀　成虫不喜光，多停留在暗处，结合菌袋翻堆时捕杀；初孵化的幼虫多爬到接种穴上，应及时捕捉；预蛹前期 2～3 天老熟幼虫外出活动，应加强预测，在其活动盛期捕捉。

(3)药剂防治　发现虫口密度较大时，每批香菇采收后，或干品进仓前可用克蛾宝 2 000～3 000 倍液,或用夜蛾净 1 500～2 000 倍液喷洒,也可用 5%锐劲特悬浮剂 1 500～2 000 倍液等低毒、低残留的药剂喷杀。

(五)蛞 蝓

1. 形态特征

野蛞蝓体长 30～40 毫米,暗灰、黄白或灰红色,有 2 对触角,在右触角的后方有 1 个生殖孔;口位于头部腹面两个前触角的凹陷处,口内有齿状物;有外套膜遮盖体背,有体腺,分泌无色粘液。黄蛞蝓长 120 毫米,体裸露柔软,无外壳;深橘色或黄褐色,有零星黄色斑点;分泌黄色粘液,有触角 2 对。双线嗜粘液蛞蝓长 35 毫米左右,外套膜覆盖全体驱;体表灰白色或浅黄褐色,背部中央有一条黑色斑点组成的纵带;有触角 2 对,分泌乳白色粘液。形态见 4-12。

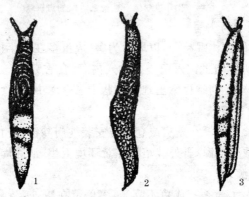

图 4-12 蛞 蝓

1. 野蛞蝓 2. 黄蛞蝓 3. 双线嗜粘液蛞蝓

2. 发生与为害

蛞蝓白天潜伏,晚间、雨后及阴天成群活动取食。一年繁殖1代。卵产于菌袋接种穴内,每堆10~20粒。常生活在阴暗潮湿的草丛、落叶或土石块下,夜间爬进菇棚内。活动适宜温度为15℃～25℃,高过26℃或低于14℃,活动能力下降。蛞蝓爬行所到之处会留下一道道白色发亮的粘质带痕及其排泄出的粪便。香菇子实体被咬成缺刻,伤害组织;有时伤害处也诱发感染霉菌和细菌。

3. 防治方法

搞好场地周围环境卫生,清除杂草、枯枝落叶及石块,并撒一层石灰粉,或用茶籽饼1千克,清水10升浸泡过滤后,再加清水100升溶液进行喷洒。夜间10时左右进行人工捕捉。发现为害后,每隔1~2天用5%来苏儿喷洒蛞蝓活动场所。

(六)跳 虫

1. 形态特征

弹尾目跳虫品种繁多,形态颜色与个体大小因种而异,其共同点是都有灵活的尾部,弹跳自如,体面油质,不怕水。跳虫的腹部的节数最多只有6节,第一节有1条腹管,第四、第五节有1个分叉的跳器,第三节还有很小的握器,这就是跳虫的跳跃器官,也是主要特征。各种跳虫形态见图4-13。

2. 发生与为害

跳虫多发生潮湿的老菇棚,阴暗处,高湿及25℃条件下适宜其活动,一年可繁殖6~7代。常群集在野外菇棚内咬食香菇子实体,严重时菌筒表面呈烟灰状。

3. 防治方法

及时排除菇棚四周水沟的积水,并撒石灰粉消毒,改善卫生条件。跳虫不耐高温,培养料灭菌彻底,是消灭虫源的主要

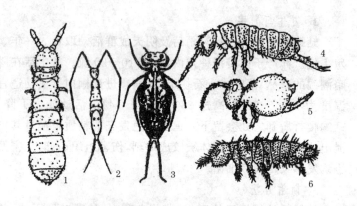

图 4-13　跳　虫
1. 乳白色棘跳虫　2. 木耳盐长角跳虫　3. 斑足齿跳虫
4. 等节跳虫　5. 圆跳虫　6. 紫跳虫

措施。出菇前可喷洒 1：150～200 的除虫菊，或用农地乐
1 000～1 500倍液喷洒。喷药应从棚内四周向中间喷洒,防止
逃跑。还可以用敌百虫、乐果或 0.1％鱼藤精药剂拌蜂蜜进行
诱杀。

（七）线　虫

线虫常见的有堆肥滑刀线虫、伊可防线虫、三唇线虫、小
杆线虫等,属无脊椎动物的线形动物门,线虫纲。

1. 形态特征

线虫呈粉红色,是一种线状的蠕虫,似蚯蚓,体型极小,体
长仅 1 毫米左右,需在显微镜下观察。它在室内繁殖很快,幼
虫经 2～3 天就能发育成熟,并可以再生幼虫,在 14℃～20℃
时,3～5 天就可以完成 1 个生活周期。

2. 发生与为害

线虫主要由培养料和水源带入,常在降雨、闷湿、不通风
的情况下大量发生。受害后菇体边缘腐烂,仔细检查可发现菌

褶内有丝状红色或灰色的线虫。线虫蛀食子实体并带进细菌,造成烂菇。有时还破坏菇柄,使子实体失去发育的能力。

3. 防治方法

培养料灭菌要彻底,水源应检测,培养室应事先消毒,栽培时菌筒喷水不宜过湿,经常通风并及时检查。发生线虫时,可用 0.5%

图 4-14　线　虫

石灰水或 1%食盐水喷洒几次,同时在地面洒施石灰水消毒。

四、常见病害与防治措施

香菇的病害分为两大类:一类是由不良的环境条件引起的病害,叫非侵染性病害;另一类是由病原菌侵染而引起的病害,叫侵染性病害,即病毒、细菌和害虫引起的病害。由于环境条件的变化,引起生理活动的反常而导致非侵染性病害的发生。这类病害没有病原菌,也不会相互传染,当不良环境条件消除时,一般能恢复正常生长。

(一)褐腐病

香菇子实体褐腐病是由细菌引起的。病原菌为荧光假单孢杆菌,在香菇组织的细胞间隙中繁殖引起发病。

1. 形态特征

荧光假单孢杆菌,有 4 根极毛,0.5～0.7 微米×1～3 微米,为好气性革兰氏阴性细菌。

2. 发生与危害

多发生于含水量多的菌筒上,在气温 20℃时发病明显增多,气温降低后发病轻微。主要是通过被污染的水或接触病菇的手、工具等传播的。受害的香菇子实体停止生长,菌盖、菌柄的组织和菌褶变褐色,最后腐烂发臭。

3. 防治方法

搞好菇场卫生和消毒,使用清洁水喷洒,接触病菇的手,未经消毒不要再接触其他菌筒。注意菇场的排水和通风。发生褐腐病的子实体,只能摘除,同时加强通风,让菌筒去湿。然后用链霉素 1：50 倍溶液喷洒菌筒,杀灭蕴藏在菌筒上的病菌,避免第二批长菇时病害复发。

(二)病 毒 病

由病毒引起的香菇病害。早在 1970 年,日本井上忠勇已从生长异常的香菇菌丝中找到病毒样粒子;之后,山下等人又相继研究,从香菇菌丝和子实体中检出了丝状病毒、球状病毒、棒状病毒等 5 种病毒样粒子。

1. 发生与危害

香菇菌丝感染病毒症状的表现为菌丝退化,呈现不均匀的花斑状,抗逆能力明显下降,部分菌丝体不能长菇,影响香菇产量。病毒样粒子传播的途径多为通过病菇的孢子和带病毒的菌丝传入菌种,然后逐步扩大传染。

2. 防治方法

引种时注意纯化,并进行电镜检查;制种时在香菇筛选中注意观察并作必要的检验。加强环境卫生,净化生产场地;在菌袋接种培养过程中严格按规范操作,从根本上防止病毒侵染。一旦发现菌种有感染病毒的怀疑,宁弃勿留,并用1‰硫酸铜水溶液喷洒培养架及地面,进行消毒。若在菌袋培养阶段发现,可在疑点处或患处注射1∶500苯来特(50%可湿性粉剂),并用代森锌粉剂500倍水溶液喷洒菇场,防止扩大传染。

(三) 畸 形 菇

香菇子实体生长过程中,常常出现"蜡烛菇"(有柄无盖)、"松果菇"、"荔枝菇"(菌盖结团无菌柄或不开伞),这就是畸形变异菇,属于生理性病害。

1. 畸形菇发生的原因

除了菌种低劣或被病毒感染之外,管理方面的主要原因如下。

(1)品种选择不对路 选用菌株不当,畸形菇就易发生。比如海拔高的山区,秋栽时应选中、低温型菌株为宜,如误用高温型菌株,冬季菇蕾一出现,遇低温便萎缩不长,形成"松果菇"。

(2)发菌管理不当 在菌丝体培育期间,如果发菌室光照过强,靠近窗口的菌袋原基提早形成,袋内菇蕾早现,受袋壁挤压,无法正常伸展,因此脱袋后第一批菇容易出现畸形。

(3)脱袋转色不合标准 有的菇农单凭菌龄,而没有掌握菌丝成熟的条件,因此,脱袋转色差,菇态变异。

(4)菌筒浸水不适宜 早熟品种一般长菇2～3批后,菌筒水分下降,需浸水补液。但有的菇农采用的是晚熟品种,也跟着浸水,由于晚熟品种正处于形成原基时期,一遇水分刺激,促使原基提早分化,只长菌柄,成了"蜡烛菇"。

(5)控湿保温不合理 冬季气温低,菇床上薄膜罩不严,受寒风袭击,正在生长的菇蕾就萎缩干枯或变形;相对湿度低于 70％时,则会出现菇柄柔软或空心。

2. 防止畸形菇发生的措施

(1)了解菌性,防止引种失误　引种前必须先弄清菌种特性,因地制宜选用对路品种,以此安排接种季节,推算预定的出菇时间。

(2)了解菌丝成熟特征,防盲目脱袋　脱袋过早,菌丝未达到生理成熟,变异菇就多。菌丝生理成熟应掌握"一个菌龄、三条标准"。"一个菌龄"即从接种之日起,秋栽短菌龄的一般60天左右。"三条标准":袋内瘤状突起的泡状菌丝占整个袋面的2/3;局部出现棕褐色;手握菌袋有松软弹性感。此时脱袋才适宜。

(3)掌握转色规律,防止温度失控　转色期间要注意气温变化,头3天在25℃以内,菇床上的盖膜不必揭开通风。在正常情况下12天转色结束,3天后出现第一潮菇。转色要求温度不低于12℃,不高于25℃。出菇最佳温度为15℃。

(4)掌握变温原理,防止温差刺激不够　变温适当,出菇多,菇态好,无畸形菇。正确的变温法:白天用薄膜罩住菇床,晚上12时后揭开薄膜1小时,日夜温差10℃以上,使菇蕾大量发生。要求在转色后连续变温3～4天。

(5)及时适量浸水,防止水量过低过高　菌筒含水量低于40％时,出菇难,小型菇多,一般以菌筒的重量比原来下降30％时,即可进行浸水,以吸水后达到制袋时重量的95％就足够了。吸水过饱易造成菌丝呼吸困难,影响正常长菇。

(6)催菇方法要适当,防止偏湿偏干　每采完一批菇后,畦床必须揭膜通风6～7天,使菌丝吸收充足的氧气,以恢复生长能力,然后转入喷水保湿,干湿交替,催促下一潮菇蕾发生。

（7）适时采收，防止过熟　在菇盖有卷边、菇柄适中时采收，每天采菇 1 次，春季产菇高峰期，有时每天要采 2 次。

（四）萎烂菇

香菇往往在子实体分化、大小菇蕾出现时发生萎烂现象。造成萎烂菇的原因很多，主要是：长菇期间连续下雨，特别是南方春天温暖、潮湿的情况下，如菇床湿度过大，易使杂菌侵入为害，造成烂菇。有的属于病毒为害，使菌丝退化，造成子实体腐烂；有的属于管理不善，秋季喷水过湿，使相对湿度高达 95％以上，加上菇床盖膜通风不良，二氧化碳积蓄过多，致使菇蕾无法正常发育而萎缩变黄，最后死亡；也有因采菇不慎，致使机械损伤造成死菇。因此，萎烂菇是生理性和病原性交叉的病害。防止萎烂菇发生的主要措施有如下几项。

1. 调节温度

在出菇阶段，菇床温度最好不超过 23℃。子实体大量发生期间，宜控制在 10℃～18℃的范围内。若温度过高，可揭开薄膜通风换气；也可在菇棚空间喷水降温。特别是在每批菇蕾形成期间，若天气晴暖，可在夜间打开棚膜，白天覆盖，以扩大昼夜温差。这不仅可以防止烂菇，而且能刺激菇蕾猛发。

2. 控制湿度

出菇阶段菇床内的相对湿度宜在 90％左右，菌筒含水量在 50％左右，达到这个要求可不必喷水。若超过这个标准，应及时通风，降低湿度，并且经常翻动覆盖在菌筒上的薄膜，使空气流畅，抑制杂菌滋生繁殖，避免烂菇现象的发生。

3. 经常检查

每天结合采菇注意观察，发现萎烂菇及时摘除并把菇根铲除，局部涂抹 pH 值 10 的石灰水，或用 0.1％的新洁尔灭液擦净。

第五章　香菇安全优质加工
与产品标准

香菇采收与加工的好坏,关系到产品质量,直接影响经济效益。这是香菇生产最后的一关,一定要把好,才能实现优质高效的目标。本章侧重介绍香菇采收方法,菇品保鲜加工,脱水干制工艺;同时介绍国内外无公害产品质量要求和出口香菇等级标准。

一、香菇采收与加工技术

(一)采收方法

1. 掌握采收标准

香菇子实体形成后,必须注意了解成熟情况,以便适时采收。如果采收太早,将会影响产量;收迟了又会影响品质。一般在八成熟时,即菌膜已破,菌盖尚未完全展开,尚有少许内卷,形成"铜锣边";菌褶已全部伸长并由白色转为黄褐色或深褐色时,为香菇最适时的采收期。适时采收的香菇,色泽鲜艳,香味浓,菌盖厚,肉质柔韧,商品价值高;过期采收,菌伞充分开展,肉薄,脚长,菌褶变色,重量减轻,商品价值低。

2. 注意采摘技术

根据采大留小的原则采收。摘菇时左手提菌筒,右手大拇指和食指捏紧香菇菌柄的基部,先左右旋转,再轻轻向上拔起。注意不要碰伤周围小菇蕾,不让菇脚残留在菌筒上霉烂,影响以后的出菇。如果香菇生长较密,基部较深,可用小尖刀从菇脚基部挖起。采摘时要认真仔细,不可粗枝大叶,防止损伤菌筒表面的菌膜。

3. 选择适宜天气

晴天采菇有利于加工,阴雨天一般不宜采,因雨天香菇含水量高,难以干燥,影响品质。若菇已成熟,不采就要误过成熟期时,雨天也要适时采收,但要抓紧加工。

4. 配用适合盛器

采下的鲜菇,宜用小箩筐或竹篮子装盛集中(彩图42-1),并要轻放轻取,保持香菇的完整,防止互相挤压损坏,影响品质。特别是不宜采用麻袋、木桶、木箱等盛器,以免造成外观损伤或霉烂。采下的鲜菇要按菇体大小、朵形好坏进行分类,然后分别装入盛器内,以便分等加工。

5. 采前不宜喷水

香菇采收前不宜喷水,因为采前喷水子实体含水量过高,脱水加工时菌褶会变黑,不符合出口色泽要求,商品价值低。

6. 加强菌筒养护

采收后的菌筒,及时排放于菇床的排筒架上,喷水,罩紧薄膜,保温、保湿,并按照各季长菇管理技术的要求进行管理,使幼蕾继续生长。冬季在揭开薄膜采菇时,应特别注意时间,不能拖延过长,以防幼蕾被寒风吹萎。

(二)保鲜出口菇加工技术

近年来,新鲜香菇在国际超级市场上十分畅销,卖价相当于脱水干香菇的价格,尤其夏季缺货,价格不断上浮。因此,香菇保鲜出口成为高效益的新兴项目。仅福建省屏南、古田以及浙江省庆元、盘安等县,近年来建造香菇专用保鲜库250多座,专营香菇保鲜出口业务,使中国鲜菇打入了国际市场。据日本财务省《日本贸易月表:通关统计》2000~2004年,中国鲜香菇输入日本市场达 18.6 万吨。

鲜菇出口,要求能最大限度地保留产品的自然色泽,优美形态,盖滑柄脆的口感,以及香菇特有的田园风味。要达到上述要求,必须采取下列措施。

1. 建造保鲜库

根据本地区栽培面积的大小和国内外市场需求的数量,确定建保鲜库的面积。其库容量通常以能容纳鲜菇 3～5 吨为宜。也可以利用现有水果保鲜库贮藏。

保鲜库应安装压缩冷凝机组,蒸发器,轴流风机,自动控温装置,供热保温设施等。如果利用一般仓库改建为保鲜库,也需安装有关机械设备及工具等。冷藏保鲜的原理是,通过降低环境温度来抑制鲜菇的新陈代谢和抑制腐败微生物活动,使之在一定的时间内,保持产品的鲜度、颜色、风味不变。香菇组织在 4℃ 以下停止活动,因此,保鲜库的温度宜在 0℃～4℃ 为宜。

2. 鲜菇挑选

保鲜出口的香菇,要求朵形圆整,菇柄正中,菇肉肥厚,卷边整齐,色泽深褐,菇盖直径 3.8 厘米以上,菇体含水量低,无粘泥、无虫害、无缺破,保持自然生长的优美形态。符合要求者作冷藏保鲜,不合标准者作烘干加工处理。如果采前 10 小时有喷水的,就不合乎质量要求。

3. 晾晒排湿

经过初选的鲜菇,一朵朵菌被朝天摊铺于晒帘上,及时置于阳光下晾晒,让菇体内水分蒸发(彩图 42-2)。晾晒的时间,秋冬菇本身含水率低,一般晒 3～4 小时;春季菇体含水率高,需晒 6 小时左右;夏季阳光热源强,晒 1～1.5 小时即可。晾晒排湿后的标准是,以手捏菌柄无湿润感,菌褶稍有收缩。一般经过晾晒后,其脱水率为 25%~30%,即每 100 千克鲜菇晒后只有 70~75 千克的实得量。

4. 分级精选

经过晾晒后的鲜菇,按照菇体大小进行分级。采用白铁皮制成"分级圈",现行的一般分为 3.8 厘米、5 厘米、8 厘米 3 种不同的分级圈。同时要进行精选,剔除菌膜破裂、菇盖缺口以及有斑点、变色、畸形等不合格的等外菇。然后按照大小规格分别装入专用塑料筐内,每筐装 10 千克。

5. 入库保鲜

分级精选后的鲜菇,及时送入冷库内保鲜。冷库温度掌握在 0℃~4℃,使菇体组织处于停止活动状态。入库初期,不剪菇柄,待确定起运前 8~10 小时,才可进行菇柄修剪。如果先剪柄,容易变黑,影响质量。因此,在起运前必须集中人力突击剪柄。菇柄保留的长度,按客户要求,一般为 2~3 厘米,剪柄后纯菇率为 85% 左右,然后继续入库冷藏散热,待装起运。

6. 包装起运

鲜菇保鲜包装箱,采用泡沫塑料制成的专用保鲜箱,内衬透明无毒薄膜,每箱装 10 千克。另一种是小盒包装,采取白色泡沫塑料盒,每盒装 6 朵、8 朵、10 朵不等。排列整齐,外用透明塑料保鲜膜包裹(彩图 42-3)。若用一般薄膜包裹,需经真空机抽去盒内氧气,然后装入纸箱内,箱口用胶纸密封。包装工序需在保鲜库内控温条件下进行,以确保温度不变。

鲜香菇包装后采用专用冷藏汽车,夜以继日迅速送达目的地。现有鲜菇主要销往日本、新加坡等地,多在上海机场空运,几小时内到达国外。由于保鲜有效期一般为 7 天左右,所以起运地到交接点,以及国外航班时间都要衔接好,以免误时影响菇体品质。

(三)香菇脱水干制工艺

为了提高产品质量,增加经济效益。根据国际市场消费习惯和要求,采用香菇机械脱水烘干流水线加工,1次进房烘干为成品,使香菇朵形圆好,菇褶色泽蛋黄色,菇盖皱纹细密,香味浓郁,品质提高,90%符合外贸出口标准,富有竞争力,使我国香菇的生产和出口名列世界前茅。

1. 脱水干制原理

香菇脱水干燥的原理,概括为"两个梯度、一个等度"。

(1)湿度梯度 当菇体水分超过平衡水分时,菇体与介质接触,由于干燥介质的影响,菇体表面开始升温,水分向外界环境扩散。当菇体水分逐渐降低,表面水分低于内部水分时,水分便开始上内向表面移动。因此,菇体水分可分若干层,由内向外逐层降低,这叫湿度梯度。它是香菇脱水干燥的一个动力。

(2)温度梯度 在干制过程中,有时采用升温、降温、再升温的方法,形成温度波动。当温度升高到一定程度时,菇体内部受热;降温时菇体内部温度高于表面温度,这就构成内外的温度差别,叫温度梯度。水分借温度梯度,沿热流方向迅速向外移动而使水分蒸发,因此,温度也是香菇干燥的一个动力。

(3)平衡等度 干制是菇体受热后热由表面逐渐传向内部,温度上升造成菇体内部水分移动。初期,一部分水分和水蒸气的移动,使体内、外部温度梯度降低;随后,水分继续由内部向外移动,菇体含水量减少,即湿度梯度变小,逐渐干燥。当菇体水分减少到内部平衡状态时,其温度与干燥介质的温度相等,水分蒸发作用就停止了。

2. 出口菇的脱水工艺

(1)精选原料 鲜菇要求在八成熟时采收。采收时不可把鲜菇乱放,以免破坏朵形外观;同时鲜菇不可久置于 24℃以上的环境中,以免引起酶促褐变,造成菇褶色泽由白变浅黄或深灰甚至变黑;同时禁用泡水的鲜菇。根据市场客户的要求分类整理。大体有3种规格:菇柄全剪、菇柄半剪(即菇柄近菇盖半径)、带柄修脚。

(2)装筛进房 把鲜菇按大小、厚薄分级,摊排于竹制烘筛上,菌褶向上,均匀排布,然后逐筛装进筛架上。装满架后,筛架通过轨道推进烘干室内,把门紧闭。若是小型的脱水机,则只要把整理好的鲜菇摊排于烘筛上,逐筛装进机内的分层架上(彩图42-4),闭门即可。烘筛进房时,应把大的、湿的鲜菇排放于架中层;小菇、薄菇排于上层;质差的或菇柄排于底层,并要摊稀。

(3)掌握温度 起烘的温度应以35℃为宜,通常鲜菇进房前,先开动脱水机,使热源输入烘干室内,鲜菇一进房,在35℃下其菇盖卷边自然向内收缩,加大卷边比例,且菇褶色泽会呈蛋黄色,品质好。

烘干由35℃起,逐渐升温到60℃左右结束,最高不超过65℃。升温必须缓慢,如若过快或超过规定的标准要求,易造成菇体表面结壳,反而影响水分蒸发。升温要求见表5-1。

表5-1 香菇脱水升温一览表

时间(小时)	1	2~4	5~6	7~9	10~11	12~13	14	15~16	17	18~22
温度(℃)	35	40	43	45	48	50	52	53	55	60
阶 段	起烘	脱 水			定 色			干 燥		

(4)排湿通风 香菇脱水时水分大量蒸发,要十分注意通风排湿。当烘干房内相对湿度达70%时,就应开始通风排湿。如果人进入烘房时骤然感到空气闷热潮湿,呼吸窘迫,即表明相对湿度已达70%以上,此时应打开进气窗和排气窗进行通

风排湿。脱水过程的通风排湿技术见表 5-2。

表 5-2　香菇脱水通风排湿技术

晴天进入烤房的时间(小时)					
时间	0～2	3～4	5～8	9 以后	最后 2 小时
通气口	全开	全开	1/3 闭	1/2 闭	全闭
排气口	全开	全开	1/3 闭	1/2 闭	全闭

雨天进入烤房的时间(小时)					
时间	0～2	3～6	7～8	9～12	13 以后	最后 2 小时
通风口	全开	全开	全开	1/3 闭	1/2 闭	全闭
排气口	全开	全开	全开	1/3 闭	1/2 闭	全闭

(5)干品水分测定　经过脱水后的成品,要求含水率不超过 13%。测定含水量的方法:感观测定,可用指甲顶压菇盖部,若稍留指甲痕,说明干度已够。电热测定可称取菇样 10克,置于 105℃ 电烘箱内,烘干 1.5 小时后,再移入干燥器内冷却 20 分钟后称重。样品减轻的重量,即为香菇含水分的重量。计算公式:

$$含水量(\%)=\frac{烘前样品重量-烘后样品重量}{烘前样品重量}\times 100$$

鲜菇脱水烘干后的实得率为 10:1,即 10 千克鲜菇得干品 1 千克。不宜烘干过度,否则易烤焦或破碎,影响质量。如果是剪柄的鲜菇,其实得率与冬季比为 14:1、与春季比为 15:1。

(四)特种菇加工方法

特种菇是指加工制作而成梅花、菱形、方粒、丝条等不同形状的一种既有观赏价值,又方便烹调的食用菇。是近年来根据日本、新加坡及我国香港等地客户要求而发展的新品种(彩

图 43)。

这些特种菇的加工,原料多采用春季薄菇,通过模型压制或手工切制而成。如加工梅花菇,是采用白铁皮制成梅花形的模具,在一朵鲜香菇正中用模块按压成形,菇边和菇脚另作加工处理,然后通过脱水烘干为成品。

菱形菇是把一朵鲜菇切成 4 块,然后脱水烘干;丝条菇是把质次的鲜菇,手工用利刀将菇体斜切成丝,烘干后厚度在 1毫米左右。也可以把干鲜菇回潮后,用切丝机加工成菇丝。上述这些特种菇,由于体积小,所以脱水烘干时间也比原菇短。

(五)干菇贮藏保管

香菇干品吸潮力很强,经过脱水加工的干品,如果包装、贮藏条件不好,极易回潮,发生霉变及虫害,造成商品价值下降和经济损失。为此,必须把好贮藏保管最后一关。

1. 检测干度

凡准备入仓贮藏保管的香菇,必须检测干度是否符合规定标准,干度不足,一经贮藏会引起霉烂变质。如发现干度不足,进仓前还要置于脱水烘干机内,经过 50℃～55℃烘干 1～2 小时,达标后再入库。

2. 严格包装

香菇脱水烘干后,应立即装入双层塑料袋内,袋口缚紧,不让透气。包装前严格检查,所有包装品应干燥,清洁,无破裂,无虫蛀,无异味,无其他不卫生的夹杂物,并在包装物外面标明加工日期。进入超市的干菇,采取塑料袋小包装(彩图42-5)。

3. 专仓贮藏

贮藏仓库强调专用,不能与有异味的、化学活性强的、有毒性的、易氧化的、返潮的商品混合贮藏。库房以设在阴凉干燥的楼上为宜,配有遮荫和降温设备。进仓前仓库必须进行1次清洗,晾干后消毒。用气雾消毒盒,每立方米3克,进行气化消毒。库房内相对湿度不超过70%,可在房内放1～2袋石灰粉吸潮。库内温度以不超过25℃为好。度夏需转移至5℃左右保鲜库内保管,1～2年内色泽仍然不变。

4. 注意防虫害

香菇在贮藏期间,常见虫害有谷蛾、锯谷盗、出尾虫、拟谷盗等。

预防办法:首先要搞好仓库清洁卫生工作,清理杂物、废料,定期通风、透光,贮藏前进行熏蒸消毒,消除虫源。同时要保持香菇干燥,不受潮湿。定期检查,若发现受潮霉变或虫害等,应及时采取复烘干燥处理,即将香菇置于50℃～55℃烘干机内烘干1～2小时。也可采用二硫化碳药物置于容器内,让其自然挥发扩散,熏蒸杀虫,每立方米用量100克,熏蒸时间24小时。

二、香菇安全优质产品标准

香菇产品标准包括无公害质量标准和产品规格标准两方面。这里分别介绍国内无公害香菇行业标准和国外欧盟等国家规定的有关标准,以及中国出口香菇国内规格标准和日本香菇规格标准,供使用中参考。

(一)中国无公害香菇行业标准

无公害香菇是一种无污染、安全卫生优质的食品。根据形势发展的新要求,国家农业部 2002 年 7 月 25 日发布了NY5095—2002 《无公害食品 香菇》行业标准,于 2002 年 9月 1 日开始实施,这是我国现行香菇质量标准。它适用于袋料栽培和段木栽培的香菇,其中包括鲜香菇和干香菇。

现将该标准规定的无公害香菇质量要求、试验方法、检验规则、标志、包装、运输和贮存介绍于下。

1. 无公害香菇的感官指标

该标准规定无公害香菇的感官指标,应符合表5-3。

表 5-3　无公害香菇的感官指标

项　目		要　求
外　观		菇形完整,大小均匀,棕色、黄褐色、褐色、茶色
气　味		有香菇特有的香味,无异味
霉烂菇		无
虫蛀菇(%)(质量分数)		≤1
一般杂质(%)(质量分数)		≤0.5
有害杂质		无
水　分	干香菇(%)	≤13
	普通鲜香菇(%)	≤91
	鲜花菇(%)	≤86

注:鲜香菇不检一般杂质和有害杂质

2. 无公害香菇的卫生指标

无公害香菇的卫生指标,应符合表5-4规定。

表 5-4　无公害香菇的卫生指标

项　目	指标/(毫克/千克)	
	干香菇	鲜香菇
砷(以 As 计)	≤1.0	≤0.5
铅(以 Pb 计)	≤2.0	≤1.0
汞(以 Hg 计)	≤0.2	≤0.1
镉(以 Cd 计)	≤1	≤0.5
亚硫酸盐(以 SO₂ 计)	≤50	
多菌灵(carbendazim)	≤0.5	
敌敌畏(dichlorvos)	≤0.5	

注:根据《中华人民共和国农药管理条例》,剧毒和高毒农药不得在蔬菜(包括食用菌)生产中使用

3. 无公害香菇的检验方法

(1)感官指标的检验　用肉眼观察外观、霉烂菇、虫蛀菇、一般杂质和有害杂质的情况,用鼻嗅气味。

(2)杂质的检验　杂质按 GB/T 12533 规定执行。

(3)水分的检验　水分按 GB/T 12533 规定执行。

(4)卫生指标的检验

砷按 GB/T 5009.11 规定执行。

汞按 GB/T 5009.17 规定执行。

铅按 GB/T 5009.12 规定执行。

镉按 GB/T 5009.15 规定执行。

亚硫酸盐按 GB/T 5009.34 规定执行。

多菌灵按 GB/T 5009.38—1996 规定执行。

敌敌畏按 GB/T 5009.20 规定执行。

4. 检验规则

(1)检验分类

① 型式检验　型式检验是对产品进行全面考核,即对本标准规定的全部要求进行检验。有下列情形之一者应进行型

式检验：国家质量监督机构或行业主管部门提出型式检验要求;前后两次抽样检验结果差异较大;因人为或自然因素,使生产环境发生较大变化。

② 交收检验　每批产品交收前,生产者应进行交接检验。交收检验内容包括感官、标志和包装。检验合格后附合格证方可交收。

(2)组批规则　同一产地、同时采收的香菇作为一个检验批次。

(3)抽样方法　按GB/T 12530规定执行。报验单填写的项目与实货相符;凡与实货不符,包装严重损坏者,应由交货单位重新整理后再行取样。

(4)判定规则　感官指标和卫生指标有一项不能达到要求的,即判该批产品不合格。

5. 无公害香菇与贮运

(1)包装标志的规定　包装上的标志和标签应标明产品名称、生产者、产地、净含量和采收日期等,字迹应清楚、完整、准确。外包装(箱、筐)应牢固、干燥、清洁、无异味、无毒,便于装卸、仓储和运输。内包装材料卫生指标应符合 GB 9687 和 GB 9688 规定。每批报验的香菇其包装规格、单位净含量应一致。通过逐件称量抽样的样品,每件的净含量不应低于包装标识的净含量。

(2)运输　运输时轻装、轻卸,避免机械损伤。运输工具要清洁、卫生、无污染物、无杂物。运输时防日晒、防雨淋,不可裸露运输。不得与有毒有害物品、鲜活动物混装混运;鲜香菇应在低温条件下运输,以保持产品的良好品质。

(3)贮存　干香菇要求在避光、阴凉、干燥、洁净处贮存,注意防霉、防虫;鲜香菇要求在 1℃～5℃的冷库中贮藏。

（二）国外无公害香菇标准

我国加入 WTO 之后，有的国家、组织出台了绿色壁垒，用以限制中国香菇输入。下面介绍欧盟国家近年新制定的真菌类（木耳、冬菇）农药残留和重金属含量指标，被东南亚和欧美许多国家所采用。

1. 农药残留限制指标

欧盟规定农药残留限制指标，见表5-5。

表 5-5　欧盟规定农药残留限制指标 （单位：毫克/千克）

类　别	项　目	指　标
杀菌剂	苯来特、多菌灵、托布津	1
杀虫剂	氰戊菊酯、杀灭菊酯	0.02
杀螨剂	二嗪磷、三唑磷、杀扑磷、丙胺	0.02
	苯丁锡、硫丹、残杀威、嗪安灵	0.05

2. 化学有害物质限制指标

欧盟规定化学有害物质限制指标，见表5-6。

表 5-6　化学有害物质最大限量指标 （单位：毫克/千克）

砷 (As)	铅 (Pb)	铜 (Cu)	汞 (Hg)	锡 (Sn)	镉 (Cd)	锑 (Sb)	硒 (Se)
1	2	30	0.05	250	0.2	1	1

录自中国食品土畜进出口商会《食用菌简讯》2004 年 9 月

（三）中国香菇出口规格标准

目前最新的香菇标准为国家质量监督检验检疫总局提出的 GB/T 9087—2003《原产地域产品　庆元无公害香菇》。庆元县我国香菇主产区之一，该标准适于袋料栽培香菇产品，符合我国现行香菇行业的实际，可供全国各地香菇出口分级标准参考。现将其分级指标介绍于下。

1. 保鲜菇感官指标

保鲜香菇呈扁半球形、稍平展或伞形，菌柄长度小于或等于菌盖直径,颜色分别为菌盖淡褐色至褐色,菌褶乳白略带浅黄色;菌肉致密、韧性好、润爽;具有香菇特有香味、无异味;不允许混入虫菇、烂菇、霉变菇、活虫体、动物毛发、排泄物、金属等异物和其他杂质。其余指标见表5-7。

表 5-7　保鲜菇感官指标

项　目		要　求		
		一　级	二　级	三　级
菌盖厚度/厘米	≥	1.2		0.8
开伞度/分	≤	5	6	7
菌盖直径/厘米	≥	4.0 均匀	3.0 均匀	3.0
残缺菇/(%)	≤	1.0	1.0	3.0
畸形菇、薄皮菇、开伞菇总量/(%)	≤	1.0	2.0	3.0

2. 花菇感官指标

菌柄长度小于或等于菌盖直径、菌肉致密、韧性好、润爽;具有香菇特有香味、无异味;不允许混入霉变菇、活虫体、动物毛发、动物排泄物和金属等异物。其余指标见表5-8。

表 5-8　花菇感官指标

项　目		要　求		
		一　级	二　级	三　级
颜　色		白色花纹明显,菌褶淡黄色	白色花纹明显,菌褶黄色	花纹茶色或棕褐色,菌褶深黄色
菌盖厚度/厘米	≥	0.5		0.3
形　状		扁半球形稍平展或伞形规整		扁半球形稍平展或伞形

项 目		要 求		
		一 级	二 级	三 级
开伞度/分	≤	6	7	8
菌盖直径/厘米	≥	4.0均匀	2.5	2.0
残缺菇/(%)	≤	1.0		3.0
碎菇体/(%)	≤	0.5		1.0
褐色菌褶、虫孔菇、霉斑菇总量/(%)	≤	1.0		3.0
杂质(%)	≤	0.2		0.5

3. 厚菇感官指标

菌柄长度小于或等于菌盖直径,菌肉致密,韧性好,润爽,具有香菇特有香味、无异味;不允许混入霉变菇、活虫体、动物毛发、动物排泄物和金属等异物。其余指标见表 5-9。

表 5-9　厚菇感官指标

项 目		要 求		
		一 级	二 级	三 级
颜 色		菌盖淡褐色至褐色		
		菌褶淡黄色	菌褶黄色	菌褶深黄色
菌盖厚度/厘米	≥	0.5		0.4
形 状		扁半球形、稍平展或伞形规整		扁半球形、稍平展或伞形
开伞度/分	≤	6	7	8
菌盖直径/厘米	≥	4.0	3.0	3.0
残缺菇/(%)	≤	1.0	2.0	3.0
碎菇体/(%)	≤	0.5	1.0	2.0
褐色菌褶、虫孔菇、霉斑菇总量/(%)	≤	1.0	3.0	5.0
杂质(%)	≤	0.2	1.0	2.0

4. 薄菇感官指标

菌柄长度小于或等于菌盖直径,菌肉致密、韧性好、润爽;具有浓的香菇特有香味、无异味;不允许混入霉变菇、活虫体、动物毛发、动物排泄物和金属等异物。其余指标见表 5-10。

表 5-10　薄菇感官指标

项　目		要　　求		
		一　级	二　级	三　级
颜　色		菌盖淡褐色至褐色		
		菌褶淡黄色	菌褶黄色	菌褶深黄色
菌盖厚度/厘米	≥	0.3		0.2
形　状		近扁半球形,平展规整		近扁半球形,平展
开伞度/分	≤	7	8	9
菌盖直径/厘米	≥	5.0	4.0	3.0
残缺菇/(%)	≤	1.0	2.0	3.0
碎菇体/(%)	≤	0.5	1.0	2.0
褐色菌褶、虫孔菇、霉斑菇总量/(%)	≤	1.0	2.0	3.0
杂质(%)	≤	1.0	1.0	2.0

5. 香菇理化指标

理化指标见表 5-11。

表 5-11　香菇产品理化指标

项 目		要　求	
		保鲜菇	干 菇
水分/(%)	≤	86（菌盖表面干爽、有纤毛或鳞片、手摸不粘、运到销售地菇体不出现水珠）	13.0
粗蛋白(以干重计)/(%)	≥	15.0	20.0
粗纤维(以干重计)/(%)	≤	8.0	8.0
灰分(以干重计)(%)	≤	8.0	8.0

　　香菇商品的分级，直接关系到产品出口市场的占有率。福荣华菇品(深圳)有限公司和湖北吉阳食品(广水)有限公司生产加工的"富贵花"、"福荣华"、"王冠"、"向阳花"等香菇品牌，由于分级严格，朵形、色泽、干度、规格质量标准化；同时讲究包装，所以产品远销 40 多个国家和地区，深受消费者欢迎。因此，各产区要认真搞好产品分级这一环节。

(四)日本香菇分级标准

　　日本香菇在商品上划分花菇、冬菇、香菇、香信四类。各类中又分大叶、中叶、小叶或上下等、一般及小粒、破边、等外、菇丝等级别。见表 5-12。

表5-12 日本干香菇分级标准

名称	等级		菌盖直径(厘米)	开伞程度	形状	色泽	其他
花冬菇	大		3~5	5~6分开伞采收	伞呈半球形,边卷进,伞面呈龟甲状或菊花状不开裂,肉厚,形状完整,均匀,菌褶整齐不乱不倒,或基本整齐	面色乳白色,菌褶淡黄色,有新鲜感	柄短而壮,菌膜及柄上级毛明显
	小		2.5~3				
冬菇	上等	大	3~5	5~6分开伞采收	伞呈半球形,卷边度大,约占伞径1/3,肉厚,菌褶不乱,伞面有白或茶褐色开裂	面色茶褐,底色浅黄,具新鲜品感	柄短,偏向一侧
		中	2~3				
	下等	大	3~5		伞形不如上等圆整,盖少开裂纹,但中心都较光滑,盖外缘有皱褶,肉中厚,卷边均匀,卷边度明显低于上等品	面色茶褐,底色浅黄,少量面色较均匀	
		中	2~3				
小粒冬菇			2~2.5		一般呈半球形,肉薄,盖大多龟裂成茶花菇状	色褐,裂纹不白或带有部分白色	柄与盖宽成比例
香菇	上等		5以上	6~7分开伞采收	伞中开,盖面平,卷边度大,约占盖的1/4,肉中厚,形圆整,盖茶色,褶倒状较少	面色茶褐,底色浅黄	
	一般		5以下		伞大开,卷边较少,约占盖的1/6,肉中最大限度,盖面平,无开裂,褶倒者少	面色浅黄	柄短,偏向一侧

续表 5-12

名称	等级	菌盖直径（厘米）	开伞程度	形　状	色　泽	其　他
香信	上等　大叶	6~6.3以上	7~8分开伞采收	烘干后卷边均匀，肉中厚，盖面平，无裂纹，形圆整，呈扁平状	面色茶褐，底色浅黄	柄短，偏向一侧，长约为盖之3/5，少量柄稍长
	中叶	4~4.2以上、6~6.3以下				
	小叶	2.5~4				
	一般　大叶	6~6.3以上	7~8分开伞采收	烘干后卷边或不卷边，边有部分破损或少许上翘，肉薄，盖面平，并不太圆整，烘时开伞已过度	面色茶褐，底色浅黄，中叶及小叶的面色偏黑	柄短，小叶的柄较长
	中叶	4~4.2以上、6~6.3以下				
	小叶	2.5~4 或 2.6~4.2				
破边	大叶	6~6.3以上	7~8分开伞采收	伞全开，肉厚	面色较黑，底色浅黄，但不均匀	柄有部分较长
	中叶	6~6.3以下				
等外		大小厚薄不一		虫蛀、烘焦、油臭、异味、泥粉附着	色不均匀	柄长短不一
菇丝	上等	厚1~4毫米，长3~5厘米		盖厚1厘米以上的菇切片	断面白色，褶浅黄色	柄切平或略有1~3毫米
	一般	厚1~4毫米，长3厘米以上		盖厚1厘米或1厘米以内的菇切片，厚薄、大小不均	断面色较差	少数柄长3~5毫米

(五)出口香菇包装标准

1. 包装标准

根据国家规定的标准,外包装采用破裂强度 1 892 千帕以上的纸材制作的纸箱,纸箱口用 22 厘米宽的胶纸封口,并用 4 厘米宽的塑料编织带打包紧固。包装尺寸按 GB 4892—85 硬质直方体运输包装尺寸系列执行。内包装按 GBn 146—81《食品包装用聚丙烯树脂卫生标准》规定,和 GB 9687 和 GB 9688 卫生指标。包装箱内随带产品合格证。客户对包装有特殊要求的,按合同执行。

2. 包装规格

干菇包装箱的规格:分为大箱、中箱。大箱规格 78 厘米×57 厘米×47 厘米(长×高×宽),中箱 66 厘米×44 厘米×57 厘米。出口东南亚国家常用中箱包装,其体积为 0.171 立方米,12.2 米(40 英尺)货柜装量 360 箱,6.1 米(20 英尺)货柜装量 180 箱。每箱装菇量,厚菇:大厚 13.5 千克,中厚 14~16 千克,小厚 15~17.5 千克;薄菇:大薄 11~12 千克,中薄 12.25 千克。

鲜菇分级、预冷后,按规定重量先装入透明无毒的塑料袋内,抽真空密封成型,再装入隔热的泡沫箱中,加盖密封,外套瓦楞纸箱,用胶带纸密封,标明级别、重量和包装日期等。

香菇小包装,适应不同层次消费者的需求,一般是作为商品的组成部分,随同商品一起出售给消费者,如纸盒、塑料袋、泡沫托盘盒等。小包装的形式和规格随品种、市场、包装材料的不同而异。鲜菇和干菇的包装有 100 克、250 克、500 克、1 000克袋装及盒装。

3. 包装标签

香菇包装标签应符合 GB 7718—1994《食品标签通用标

准》的要求,主要内容包括:质量等级、产品标准、净重含量、厂址、厂名、批号、出厂日期、保质期、标志和条码等。

附 录

一、无公害食品 食用菌栽培基质 安全技术要求

2002 年 7 月 25 日中华人民共和国农业部发布了 NY 5099—2002《无公害食品 食用菌栽培基质安全技术要求》行业标准,于 2002 年 9 月 1 日开始实施。该标准规定了无公害食用菌栽培基质用水、主料、辅料和覆土用土壤的安全技术要求以及化学添加剂、杀菌剂、杀虫剂使用的种类和方法,适用于各种栽培食用菌的栽培基质。

1. 水的要求 无公害水应符合 GB 5749 规定。

2. 主料的要求 组成栽培基质的主要原料称主料,是培养基中占数量比重较大的碳素营养物质。如木屑、棉籽壳、作物秸秆等。包括:除桉、樟、槐、苦楝等含有害物质树种外的阔叶树木屑;自然堆积 6 个月以上的针叶树种的木屑;稻草、麦秸、玉米芯、玉米秸、高粱秸、棉籽壳、废棉、棉秸、豆秸、花生秸、花生壳、甘蔗渣等农作物秸秆;糠醛渣、酒糟、醋糟。要求所选主料新鲜、洁净、干燥、无虫、无霉、无异味。

3. 辅料的要求 辅料是指栽培基质组成中配量较少、含氮量较高、用来调节栽培基质的 C/N 比的物质。如糠、麸、饼肥、禽畜粪、大豆粉、玉米粉等。要求辅料新鲜、洁净、干燥、无虫、无霉、无异味。

4. 覆土材料的要求 可用泥炭土、草炭土作为无公害栽

培的覆土材料。用作无公害覆土材料的土壤应符合 GB 15618 中 4 对二级标准值的规定。

5. 化学添加剂的要求 无公害的栽培基质需严格按照食用菌栽培基质常用化学添加剂种类、功效、用量和使用方法,详见附表1。

附表 1 食用菌栽培基质常用化学添加剂
种类、功效、用量和使用方法

添加剂种类	使用方法和用量
尿 素	补充氮源营养,0.1%～0.2%,均匀拌入栽培基质中
硫酸氢铵	补充氮源营养,0.1%～0.2%,均匀拌入栽培基质中
碳酸氢铵	补充氮源营养,0.2%～0.5%,均匀拌入栽培基质中
氰氨化钙(石灰氮)	补充氮源和钙素,0.2%～0.5%,均匀拌入栽培基质中
磷酸二氢钾	补充磷和钾,0.05%～0.2%,均匀拌入栽培基质中
磷酸氢二钾	补充磷和钾,0.05%～0.2%,均匀拌入栽培基质中
石 灰	补充钙素,并有抑菌作用,1%～5%,均匀拌入栽培基质中
石 膏	补充钙和硫,1%～2%,均匀拌入栽培基质中
碳酸钙	补充钙,0.5%～1%,均匀拌入栽培基质中

6. 栽培基质处理的规定 食用菌的栽培基质,经灭菌处理的,灭菌后的基质需达到无菌状态;不允许加入农药。

7. 不允许使用的化学药剂

(1)高毒农药 按照《中华人民共和国农药管理条例》,剧毒和高毒农药不得在蔬菜生产中使用,食用菌作为蔬菜的一类也应完全遵照执行,不得在培养基质中加入。高毒农药有三九一一、苏化203、一六〇五、甲基一六〇五、一〇五九、杀螟威、久效磷、磷胺、甲胺磷、异丙磷、三硫磷、氧化乐果、磷化锌、磷化铝、氰化物、呋喃丹、氟乙酰胺、砒霜、杀虫脒、西力生、赛力散、溃疡净、氯化苦、五氯酚钠、二氯溴丙烷、四〇一等。

(2)混合型真菌添加剂　植物生长调节剂及含有植物生长调节剂或成分不清的混合型基质添加剂。

二、无公害食用菌栽培可限制使用的化学农药种类

我国现有尚未制定专门的无公害香菇生产禁用农药和限制使用的农药范围。香菇作为一种蔬菜类,可暂行参照蔬菜允许使用的化学农药防治技术进行香菇病虫害的综合治理,以求得香菇生态系统的种群平衡和无污染、无残留、无公害的防治效果。根据国家农业部 2000 年发布的 NY/T 393—2000《绿色食品农药使用准则》规定的 AA 级绿色食品及 A 级绿色食品生产允许使用的农药种类、毒性分级和使用准则,无公害香菇生产也可参照使用。见附表 2,附表 3,附表 4。

附表 2　杀 虫 剂

农药名称	别　名	商品标号及剂量	防治对象	注意事项
敌百虫 (trichlorphon)		90%固体 800~ 1000 倍液	跳虫、地老虎、蛴螬、地蛆	从菇棚四周喷至中间,高温慎用
敌敌畏 (dichlorvos)		50%乳油 800~ 1000 倍液	菇蝇、跳虫、红蜘蛛	中等毒,最多喷 1 次
乐　果 (dimethoate)		40%乳油 800~ 1500 倍液	菇蛾、地蛆、蓟马、线虫	中等毒,最多喷 1 次
马拉硫磷 (malathion)		50%乳油 800~ 1500 倍液	烟灰虫、蛴螬	最多喷 1 次

农药名称	别 名	商品标号及剂量	防治对象	注意事项
辛硫磷 (phoxim)		50%乳油 500～ 1000 倍液	非蛆线虫、 蚊、蓟马、蟋蟀	药效敏感、 要慎用
杀螟硫磷 (fenitrothion)		50%乳油 1000～ 1500 倍液	菇蚊、菇蝇、 跳虫	中等毒、最 多喷 1 次
阿维菌索 (Ahamectin)	爱福丁、 7051 齐螨索	1.8%乳油 5000～ 8000 倍液	虫、螨兼治 菇蚊、蛾、蛆	商品名称 较多、注意有 效含量
速灭威 (MTMC)		25%可湿性粉剂 667 米²200～300 克	菇蛾、菇蚊、 菇蝇	中等毒、最 多喷 1 次
抗蚜威 (Pirimmicarb)		50%可湿性粉剂 667 米²10～20 克	烟青虫、蚜 虫、蓟马	中等毒、最 多喷 1 次
异丙威 (isoprocarb)	叶蝉散	2%可湿性粉剂 667 米²1500 克	菇蚊、菇蝇、 蛴螬	中等毒、最 多喷 1 次
氟氰菊脂 (cyperm-ethirn)		10%乳油 2500～ 4000 倍液	菇蚊、菇蛾、 菜螟	中等毒、最 多喷 1 次
塞嗪酮 (dupro-fezin)	扑虱灵	25%可湿性粉剂 1000～1500 倍液	介壳虫、飞 虱、叶蝉	低等毒、限 喷 1 次
杀虫双 (sachong suang)		5%悬浮剂1500～ 2000 倍液	飞虱、叶蝉、 介壳虫	中等毒、限 喷 1 次
锐劲特 (Fiponil)	氟虫腈	5%悬浮剂1500～ 2000 倍液	菇蚊、非蛆成 虫、菇蛾、红蜘 蛛	中等毒、限 喷 1 次

农药名称	别　名	商品标号及剂量	防治对象	注意事项
克螨特 （propargite）	快螨特	73％乳油 2000～ 3000 倍液	成螨、若螨 有特效，杀卵 效果差	高温高湿 对幼菇有药 害
双甲脒 （dmitaz）	螨　克	20％乳油 1000～ 2000 倍液	成螨、若螨、 卵有良效	气温低于 25℃时药效 差
噻螨酮 （hexythiazox）	尼索朗	5％乳油 1500～ 2000 倍液	幼螨、卵特 效，成螨无效	最多喷 1 次
卡死克 （ascade）	WL 115110	5％乳油 1000～ 2000 倍液	幼螨、若螨 效果显著	最多喷 1 次
乐斯本 （chlorpyrifos）	氯硫磷 毒死蟬	40.7％乳油 1000～ 2000 倍液	成螨、兼治 非蛆幼虫	最多喷 1 次

附表 4　杀 菌 剂

农药名称	别　名	商品标号及剂量	防治对象	注意事项
福美双 （thiram）	卫　福	75％可湿性粉 剂 1000～1500 倍液	绿霉、链孢 霉、曲霉、青霉	低毒，不能与 铜铝和碱性药 物混用
百菌清 （chlorogha -lonil）	达克宁 桑瓦特	75％可湿性粉 剂 1000～1500 倍液	地霉、绿霉、 菌核病、链孢霉	低毒，不能与 碱性药物混合

农药名称	别　名	商品标号及剂量	防治对象	注意事项
多菌灵 (carbenda-zim)		50%可湿性粉剂 1000～1500 倍液	链孢霉、轮 纹病、根腐病	低毒,对银耳 菌丝有药害
甲霜灵 (mataiaxyl)	瑞毒素	50%可湿性粉剂 1000～1500 倍液	疫病、白粉 病、轮纹病	低毒,使用最 多不超过 3 次
甲基硫菌灵 (thiophana -temeehyl)		70%可湿性粉剂 1000～1500 倍液	根霉、曲 霉、赤霉病	低毒,最多喷 1 次
恶霉灵 (hymexazol)		70%可湿性粉剂 1000 倍液	毛霉、绿 霉、链孢霉、 曲霉	低毒,最多喷 1 次
异菌脲 (iprodione)	扑海因 桑迪恩	50%可湿性粉剂 1000～1500 倍液	灰霉病、疫 病、酵母菌 病、青霉	低毒,最多喷 1 次
腐霉利 (procmp-done)		50%可湿性粉剂 1000～1200 倍液	白粉病、青 霉、霜霉病、 曲霉	低毒,最多喷 1 次
三唑铜 (Triadirmefon)	粉锈宁 百理通	20%乳油 1000～ 1500 倍液	锈病、僵缩 病、红银耳	低毒,最多喷 1 次
乙磷铝 (phosetbyl-Al)	疫霉灵 疫霜灵	50%可湿性粉剂 400～500 倍液	霜霉病、猝 倒病	低毒,最多喷 1 次

三、无公害安全消毒杀菌专用洁霉精

无公害安全消毒专用洁霉精,系中国南开大学丁龙云博士研制成功,由中国食用菌之乡福建省古田县伟龙食用菌消毒用品厂独家生产的一种高科技,超强型的新产品。

1. 产品特点 本品采用国际上所推广的一种高效、广谱、快速,对人体安全和食用菌生产无公害的消毒杀菌剂,广泛应用于农、畜业与食用菌栽培业,在万分之一的浓度下,20分钟内对各种霉菌的杀菌率达99%以上。将本品加入培养料中,在温度80℃以上,30分钟内分解生成易于被食用菌吸收的无机营养肥——氯化异氰脲酸,有效地促进菌丝生长,有利于提高产量,明显高于一般有机类营养肥。

2. 使用方法

(1)拌料 每包40克(内有2小包)加清水200～250升,溶解后拌入培养料中即可装袋,可防止培养料酸变,能有效抑制菇耳发菌期杂菌污染。

(2)喷洒 每包40克(2小包)加清水40～50升,用于清洗,喷洒栽培房空间、地面或架床,5分钟即可杀灭各种杂菌。

(3)涂擦 因霉菌引起的烂耳、烂菇发生的处理,配用量同消毒,涂擦受害部位和采收后的患处,控制蔓延。

3. 注意事项 不能用铜、铝容器装本品溶液,贮运过程中不可与强酸、碱铵类物品混装混运。本品宜现用现配。

产品标准号 Q/GTJWL 03-2001,产品规格:每袋40克(2小包)。为方便广大菇友,该厂特设邮购部,地址:福建省古田县跃进北路东六弄15号;咨询电话:(0593)3856186;传真(0593)3802558。

四、食用菌卫生管理办法

第一条 为贯彻预防为主的方针和执行《中华人民共和国食品卫生法（试行）》，加强食品卫生管理，提高食用菌的卫生质量，保障人民身体健康，特制定本办法。

第二条 本办法管理范围系指蘑菇、香菇、草菇、木耳、银耳、猴头等鲜、干食用菌及其制品。

第三条 为防治病虫害，使用药物消毒杀虫时，仅能用于菇房，并应严格掌握用量，严禁使用 1605,1059,666,DDT,汞制剂，砷制剂等高残毒或剧毒农药。

第四条 栽培食用菌使用的材料，应报请当地食品卫生监督部门审查，符合卫生要求，方能生产、销售。

第五条 食用菌制品使用添加剂应符合现行的《食品添加剂使用卫生标准》。原料用水应符合现行的《生活饮用水卫生标准》。

第六条 食用菌生产购销部门，必须加强毒菌、食用菌鉴别知识的宣传，建立质量检验制度，对食用菌要做到专人负责，分类收购，严格检查，防止毒菌混入，严禁掺假、掺杂。

第七条 食用菌的包装、贮存、运输必须符合卫生要求，严禁使用装过农药、化肥及其他有毒物质的容器包装，严禁与农药、化肥、中草药材和其他杂物混堆、混运。

第八条 为了加强食品卫生管理，食品卫生监督机构可以向生产、销售等单位，根据需要手续无偿采取样品检验，并给予正式收据。

（引自《食用菌标准汇编》中国标准出版社，1997.5）

五、香菇菌种供应单位介绍

附表5　香菇菌种供应单位介绍

单位名称	地　址	邮　编	咨询电话
中科院微生物研究所菌种保藏室	北京市海淀区中关村	100008	(010)622554548
中国农业大学生物学院食用菌研究室	北京市圆明园西路	100094	(010)62733495
福建省三明真菌研究所	福建省三明市列东新市北路	365000	(0598)8254141
四川省农科院食用菌开发研究中心	成都市外东静居寺路20号	610066	(028)4504294
黑龙江省林口县食用菌研究会	黑龙江省林口县3-33号信箱	157600	(0453)3580031
吉林省长白山真菌研究所	吉林省蛟河市中岗街19号	132507	(0432)7201251
华中农业大学菌种实验中心	湖北省武汉市洪山区狮子山街	430070	(027)87386167
辽宁省朝阳市食用菌研究所	辽宁省朝阳市新华路二段37-4号	122000	(0421)2812022
河南省农科院生物研究所真菌厂	河南省郑州市花园路28号	450003	(0371)5722860
福建省食用菌协会	福建省福州市白马中路53号	350003	(0591)3368144

单位名称	地 址	邮 编	咨询电话
山东省金乡真菌研究所	山东省金乡县鸡黍镇	272208	(0537)8851472
山西省原平农校微生物室	山西省原平市前进路 13 号	034100	(0350)8223857
福建省古田县科峰食用菌研究所	福建省古田县湖滨永洋村	352200	(0593)3818775
浙江省庆元县食用菌科研中心	浙江省庆元县新建路 138 号	323800	(0578)6126410
上海市农科院食用菌研究所	上海市闵行区南华路 35 号	201106	(021)62200538
辽宁省食用菌技术开发中心	沈阳市长江北街 39 号 6002 信箱	110034	(024)86126921

引种须知:栽培者在引种时可先向供种单位索取菌种说明书,了解菌株代号,种性特征,对照当地原料和气候,以及自身技术现状,市场消费等综合平衡后,确定引用所需菌种。

主要参考文献

1　张树庭:P.G.Miles 著·食用蕈菌及其栽培(英文版).美国 CRC 出版公司,1989

2　杨新美主编·中国食用菌栽培学·北京:中国农业出版社,1988

3　黄年来·中国香菇栽培学·上海:上海科技文献出版社,1994

4　中华人民共和国国家标准·农产品安全质量要求 GB 18406.1—8—2001.北京:中国标准出版社,2001

5　中华人民共和国农业行业标准·无公害食品(第二批)种植业部分·北京:中国标准出版社,2002

6　国家质量监督检验检疫总局·农产品安全质量无公害蔬菜安全要求·北京:中国标准出版社,2001

7　中国农业部发布·绿色食品　产地环境技术条件·北京:中国标准出版社,2000

8　中国农业部发布·绿色食品　农药使用准则·北京:中国标准出版社,2000

9　中国标准出版社第一编辑室·农药残留国家标准汇编·北京:中国标准出版社,1999

10　李正明等·无公害安全食品生产技术·北京:中国轻工业出版社,1999

11　杜子瑞·国内外食用菌专利和标准年鉴·北京:中国标准出版社,2004

12　吴经纶,黄年来等·中国香菇生产·北京:中国农业出版社,2003

13　吴学谦,黄志龙等．香菇无公害生产技术．北京:中国农业出版社,2003

14　丁荣辉．中国香菇地位与北上趋势及捷迳研究．中国社会发展战略研究文汇(1902—1904)．北京:中国城市出版社,1998

15　王柏松,梁枝荣,江日仁．中国北方香菇栽培．太原:山西高校联合出版社,1992

16　杨瑞长,乔卫亚,关新明．中国香菇栽培新技术．北京:金盾出版社,2000

17　丁荣辉．审时度势转移战略,稳步发展中华菇业．北京:世界学术文库 327～328,中国国际出版社,1998

18　钱玉夫．香菇栽培学．上海:上海学苑出版社,1989

19　蔡衍山．食用菌无公害生产技术．北京:中国农业出版社,1982

20　杨庆尧．食用菌生物学基础．上海:上海科技出版社,1981

21　黄　毅．食用菌生产理论与实践．厦门大学出版社,1987

22　洪震等．食用菌实验技术与发酵生产．北京:中国农业出版社,1987

23　张甫安．食用菌制种指南．上海科技出版社,1992

24　潘崇怀,陈成基．食用菌栽培技术图解．北京:中国农业出版社,1992

25　林占禧．野草栽培食用菌．福建科技出版社,1989

26　陈国醒,王嗣伯．中国台湾日本菌蕈栽培百科图解．长沙:湖南科技出版社,1993

27　江昭月,杨瑞长等．食用菌科学栽培指南．北京:金

盾出版社,1999

 28 吴菊芳,陈德明等.食用菌病虫螨害及防治.北京：中国农业出版社,1998

 29 福原寅夫.椎茸资料集.东京：日本旭物产株式会社,1994

 30 古川久彦.菌床シイタケの栽培と経営.东京：全国林业改良协会,1992

 31 中国食品土畜产进出口商会.北京：国际农产品贸易 2002～2004

 32 上海市农业科学院.上海：食用菌学报,2000～2004

 33 中国食用菌协会.昆明：中国食用菌,2002～2004

 34 全国供销总社信息中心.北京：食用菌市场,2002～2004

 35 香港保健食品市场营销联合会.深圳：中华保健食品,2003～2004

金盾版图书,科学实用,
通俗易懂,物美价廉,欢迎选购

食用菌栽培加工机械使用与维修	9.00 元	农药科学使用指南(第二次修订版)	28.00 元
农业机械田间作业实用技术手册	6.50 元	简明农药使用技术手册	12.00 元
谷物联合收割机使用与维护技术	15.00 元	农药剂型与制剂及使用方法	18.00 元
播种机械作业手培训教材	10.00 元	农药识别与施用方法(修订版)	10.00 元
收割机械作业手培训教材	11.00 元	生物农药及使用技术	6.50 元
耕地机械作业手培训教材	8.00 元	农药使用技术手册	49.00 元
农村沼气工培训教材	10.00 元	教你用好杀虫剂	7.00 元
多熟高效种植模式180例	13.00 元	合理使用杀菌剂	8.00 元
科学种植致富100例	10.00 元	怎样检验和识别农作物种子的质量	5.00 元
科学养殖致富100题	11.00 元	北方旱地粮食作物优良品种及其使用	10.00 元
作物立体高效栽培技术	11.00 元	农作物良种选用200问	15.00 元
植物化学保护与农药应用工艺	40.00 元	旱地农业实用技术	14.00 元
		高效节水根灌栽培新技术	13.00 元

以上图书由全国各地新华书店经销。凡向本社邮购图书或音像制品,可通过邮局汇款,在汇单"附言"栏填写所购书目,邮购图书均可享受9折优惠。购书30元(按打折后实款计算)以上的免收邮挂费,购书不足30元的按邮局资费标准收取3元挂号费,邮寄费由我社承担。邮购地址:北京市丰台区晓月中路29号,邮政编码:100072,联系人:金友,电话:(010)83210681、83210682、83219215、83219217(传真)。